《健康大讲堂》编委会　主编

儿童补钙补锌补铁食谱

黑龙江科学技术出版社
HEILONGJIANG SCIENCE AND TECHNOLOGY PRESS

图书在版编目（CIP）数据

儿童补钙、补锌、补铁食谱 /《健康大讲堂》编委
会主编 . -- 哈尔滨：黑龙江科学技术出版社，2015.6（2024.2重印）
ISBN 978-7-5388-8402-9

Ⅰ．①儿… Ⅱ．①健… Ⅲ．①儿童—保健—食谱
Ⅳ．① TS972.162

中国版本图书馆 CIP 数据核字（2015）第 152323 号

儿童补钙、补锌、补铁食谱

ERTONG BUGAI BUXIN BUTIE SHIPU

主　　编	《健康大讲堂》编委会
责任编辑	徐　洋
摄影摄像	深圳市金版文化发展股份有限公司
策划编辑	深圳市金版文化发展股份有限公司
封面设计	深圳市金版文化发展股份有限公司
出　　版	黑龙江科学技术出版社

地址：哈尔滨市南岗区公安街 70-2 号　邮编：150007
电话：(0451)53642106　传真：(0451)53642143
网址：www.lkcbs.cn　　www.lkpub.cn

发　　行	全国新华书店
印　　刷	小森印刷（北京）有限公司
开　　本	723 mm×1020 mm　1/16
印　　张	15
字　　数	200 千字
版　　次	2016 年 1 月第 1 版
印　　次	2016 年 1 月第 1 次印刷　2024年2月第2次印刷
书　　号	ISBN 978-7-5388-8402-9
定　　价	68.00元

序言 PREFACE

　　记得小时候，父母在饭桌上常说的一句话就是："多吃点儿才有营养，才能长身体。"那时觉得啰嗦、不爱听的话，如今为人父母后竟也常常挂在自己嘴边。的确，多吃点儿，能够获得更多营养，但是否健康，就要另当别论了。

　　从牙牙学语开始，孩子的成长一直都是父母密切关注的事情，没有哪个父母愿意看着自己的孩子从小输在起跑线上。尽管在孩子成长的道路上，父母总是费尽心思为孩子的健康而努力着，但孩子仍然可能存在长不高、注意力不集中、记忆力差、免疫力低、经常感冒发热，抑或不爱吃饭等问题。究其原因，或多或少都与营养素的缺乏有关。

　　父母们在忙着为孩子补充各种营养素的同时，也被铺天盖地的儿童保健品广告迷乱了眼。可是，亲爱的家长们，您的孩子是否真的缺钙、锌和铁？怎样补才是安全、科学、有效的呢？如果您在面对这些问题时不知所措，不妨看看我们为您精心准备的这本《儿童补钙、补锌、补铁食谱》吧！

　　"工欲善其事必先利其器"，只有清楚了解到钙、锌、铁这些营养素对孩子的影响，以及缺乏表现和补充技巧后，才能更好地为孩子及时进行补充。说到补充方法，其实有许多种。然而对于正处在生长发育时期的孩子来说，从小养成良好的饮食习惯，合理安排饮食，从膳食中摄取钙、锌、铁才是安全和行之有效的方法。为此，本书依据儿童的生理发育情况和营养需求，结合孩子们的饮食喜好特点，精选出各种补钙、补锌、补铁食材，并对每种食材的营养成分、补充原理、营养功效及搭配宜忌等做出详细介绍，另附上实用的温馨提示，让您能够为孩子烹制出集色、香、味、食补于一体的美味佳肴，让孩子在简单的一日三餐中轻松获取钙、锌、铁等营养，为孩子的成长加分！

Contents 目录

PART 1　儿童补钙、补锌、补铁知识面面观

PART 2　补钙食谱，餐桌上的"钙"世英雄！

PART 3　补锌食谱，全"锌"全意为健康加分！

PART 4 补铁食谱，不要错过"铁"的约定！

妈妈必修课

钙、锌和铁是人体必需的重要营养元素，对儿童的体格和智力发育都起着至关重要的作用。但是，由于膳食不均衡，儿童钙、锌、铁缺乏的现象仍然较为普遍。如何为孩子补充钙、锌、铁，自然也就成为妈妈们心头挥之不去的难题。钙、锌、铁的补充，并非一蹴而就，妈妈们在做好打"持久战"准备的同时，对其最终"收益"如何，心里却难免有些没底。那么，如何补充才是健康安全且有效的呢？让我们一起来了解关于儿童补钙、补锌、补铁的方方面面，明明白白为孩子补足营养吧！

PART 1

儿童补钙、补锌、补铁
知识面面观

如何给孩子补钙
如何给孩子补锌
如何给孩子补铁
儿童饮食原则

如何给孩子补钙？

虽说现在生活条件变好了，饮食也日益丰富了，但是孩子却仍然非常容易缺钙，因而补钙也成了父母经常挂在嘴边的事。如何给孩子补钙，每个父母都应该清楚地了解。那么，你知道孩子缺钙的原因吗？何时补钙最适宜？怎样补钙效果才最好呢？

认识"生命元素"—— 钙

钙享有"生命元素"之称，占人体总重量的1.5%～2.0%，它是人体内含量丰富的矿物质。其中99%的钙分布在骨骼和牙齿中，1%分布在血液、细胞间液及软组织中。钙与骨骼生长息息相关，是骨骼健康的基石，如果钙离子在骨骼中流失，骨骼就会变得脆弱，易骨折。钙能使软组织保持弹性和韧性，维持神经和肌肉的兴奋性，保证肌肉的正常收缩与舒张，调节细胞和毛细血管的通透性。此外，钙还是一种天然的镇静剂，可以降低神经细胞的兴奋性，具有镇静、安神的作用，有助于缓解失眠症状。

钙对孩子的重要性

儿童正处于生长发育的黄金时期，身体的每个器官都在迅速生长成型，体内的各个功能也正在不断完善中。此时，对钙的需求量也会随其长大而逐渐增长。只有每天摄入足够量的钙，才能维持孩子的正常新陈代谢，增加耐力，使孩子精力充沛。如果儿童钙质摄入不足，不仅会导致骨骼和牙齿的发育不良、生长发育迟缓、龋齿的发生率增加、学步晚、出牙迟、焦躁不安、注意力不集中等，还会影响到孩子身体各项功能的正常发育和完善，可谓是牵一发而动全身。

孩子缺钙的表现

儿童时期是人一生骨钙积累的关键时期，儿童缺钙对生长发育的影响不容小觑。那么，孩子缺钙的主要表现有哪些呢？

①白天烦躁不安，晚上不容易入睡，夜间常突然惊醒，啼哭不止。

②多汗，即使天气不是很热，也容易出汗，尤其是夜间啼哭后出汗更明显。

③厌食、偏食，身体发育不良，比同龄孩子出牙晚。

④免疫力低，容易感冒。

⑤易发湿疹，常见于头顶、颜面、耳后，患病时常伴有哭闹不安。

⑥前额高突，形成方颅。

⑦常有串珠肋，会压迫肺脏，使宝宝通气不畅，易患气管炎、肺炎。

⑧严重时，会出现佝偻病、X型腿、O型腿等。

孩子缺钙的原因

不少妈妈可能会有这样的疑惑，为什么孩子好端端的会缺钙呢？而且明明在平时的饮食中已经有意识地让孩子多摄入钙了，为什么还是缺钙呢？下面，就让我们一起来看看孩子缺钙到底是什么原因引起的吧。

①饮食过于单一。饮食搭配不合理，含钙食品摄入过少，是引起儿童缺钙的重要原因之一。例如6个月以后的宝宝，如果仍然单纯用母乳喂养，而不注意辅食的添加，钙质便会摄入不足，容易出现缺钙症状。

②钙磷比例失衡。很多孩子都喜欢吃一些如碳酸饮料、可乐、咖啡、汉堡、炸薯条等含磷量高的食物，而这些食物中过多的磷会把钙从体内"赶走"。

③对钙的需求量增大。婴幼儿时期、青春期的骨骼生长迅速，需要大量的钙质，如果每日钙的摄入量不足，便无法满足生长发育的需要，从而出现串珠肋、X型腿、O型腿等缺钙表现。

④钙的吸收减少。城市建设的不断加快，让我们的生活变得快捷便利，然而高层建筑的日益增多，也使得儿童接受阳光照射的机会变得越来越少，导致体内维生素D的合成不足。维生素D对钙的吸收具有促进作用，如果维生素D减少，必然会引起钙吸收的减少。此外，诸如腹泻、肝炎、胃炎、呕吐等疾病的发生，也会引起钙吸收不良或钙的大量流失。

⑤钙储备量不足。如果妈妈在孕期缺钙的话，就很容易导致宝宝在出生后的钙储备量不足。尤其是早产和多胎妊娠的婴儿，会容易出现夜惊、出汗等缺钙症状。

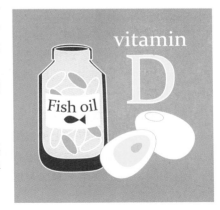

儿童补钙技巧

如今，很多家长已逐渐意识到给孩子补钙的重要性，知道孩子的骨骼、大脑和牙齿发育等都离不开钙的参与，因此在日常生活中也越来越注意及时地给孩子补钙了。即便如此，却仍然有不少宝宝存在着缺钙的问题。究其原因，大多还是由于家长在为孩子补钙的过程中没有掌握科学的方法，使得补钙效果大打折扣。那么，究竟要如何给孩子补钙呢？儿童补钙怎样才能在充分锁住钙质的同时又使其最大化地被机体吸收呢？妈妈需知晓以下补钙技巧。

确定每日摄入量

年龄不同，孩子每日所需的钙量也不同，一般6个月内的宝宝每日钙的摄入量为300~400毫克，7个月到2岁的宝宝每日需400~600毫克钙，3岁以上的宝宝每日需800毫克钙。

补钙黄金时间

儿童生长速度快，因而对钙的需求量也相对较多，吸收和转化率也更高，如果这一时期摄入的钙量不充足，不但会影响骨骼的正常发育，造成生长停滞，让孩子长不高，甚至可能会增加老年时期患骨质疏松、骨折的风险。孩子成长期间抓住补钙的"黄金时间"，对一生都具有深远影响。

适合宝宝的钙源

提到补钙，妈妈们一定会首先想到钙质的最佳来源——奶及奶制品。没错，它们的确是非常好的补钙来源，特别是经过发酵的酸奶更有利于钙的吸收，且其中的益生菌还可调节肠胃功能，孩子多喝些奶制品对健康是非常有益的。

不过，除了牛奶外，生活中还有许多食物也能提供丰富的钙质，如虾皮、螃蟹、蛤蜊、海带、紫菜等水产品，黄豆、蚕豆、扁豆、豆腐、豆浆等豆类及豆制品，黑木耳、小白菜、柠檬、枇杷、苹果等蔬果。

此外，黑芝麻也是一种良好的植物性钙质来源，妈妈可以让孩子常吃些黑芝麻制品，如芝麻糊、黑芝麻糖、黑芝麻汤圆等。

在平时给孩子煮汤时，还可以多选一些大骨头来熬汤，再加几滴醋，这样能更好地促进钙质的吸收。喝牛奶时，搭配吃一些绿色蔬菜，也有利于钙的吸收。

除了通过日常饮食补钙外，妈妈还可以选择给孩子服用钙剂。面对市面上种类繁多的补钙产品，妈妈在为孩子选择钙剂时，最好在医生的指导下进行，且由医生决定服用剂量以及服用方式，切不可随意给孩子服用。

如何给孩子补锌？

人们自从认识到锌这种微量元素对人体，特别是对婴幼儿及儿童的生长发育的重要性之后，便越来越重视补锌。但是面对市面上出现的五花八门的补锌产品及其过分夸大的广告宣传，不少家长又开始不知所措起来：原来自家孩子也缺锌啊，缺锌究竟是食补好还是服用补锌产品好呢？

认识"生命之花"——锌

锌是维系人体健康，促进生长发育、新陈代谢，调节免疫系统和脑细胞功能的重要微量元素之一，且还与人的记忆力密切相关，被誉为"生命之花"。

锌不仅对核酸和蛋白质的合成必不可少，而且也影响各种细胞的生长、分裂和分化。锌可以加快细胞的分裂速度，使细胞的新陈代谢保持在一个较高的水平上，促进生长发育。在众多微量元素中，锌对免疫功能的影响最为明显，具有调节免疫功能的重要作用。

锌对孩子的重要性

锌对正处于生长发育期的儿童来说十分重要，是保障其健康成长所必备的动力源。锌有助于维持儿童中枢神经系统正常运转和骨骼正常代谢，促进儿童体格生长、大脑发育及第二性征的发育。它还能帮助儿童维持正常味觉、嗅觉功能，促进儿童食欲。同时，锌还可提高儿童的免疫力，增强儿童对疾病的抵抗力。锌能够促进视网膜发育，青少年时期如果能够补充充足的锌，对保护和改善视力都非常有益。

孩子缺锌的表现

缺锌会影响到孩子机体的正常代谢，使生长发育受到干扰，给孩子带来一系列的身体不适。那么，孩子缺锌究竟有哪些表现呢？快来做个小测验，看看您的孩子是否缺锌。

①食欲减退。经常性食欲不振、挑食、厌食，孩子没有饥饿感，食量变小。

②喜欢乱吃奇奇怪怪的东西，如泥土、煤渣、纸屑等。

③生长发育缓慢、体格矮小、智力发育不良。

④免疫力低下，经常感冒发烧，反复患支气管炎或肺炎等。

⑤易激动、脾气大、注意力不集中、学习能力差。

⑥视力下降，暗适应力差，甚至患夜盲症。

⑦出现外伤时，伤口不易愈合；易患皮炎、顽固性湿疹。

此外，头发枯黄、易脱落，指甲出现白斑，青春期性发育迟缓，多动症等都是孩子缺锌时的表现。如果家长发现孩子出现以上这些症状表现，应带孩子前往医院进行检查，以便及时给孩子补锌。

孩子缺锌的原因

锌与其他微量元素一样，无法在人体内自然生成，而由于各种生理代谢的需要，人体每天都会排出一定量的锌。所以，需要每天摄入一定量的锌才能满足身体需要。但是，据调查显示，我国儿童普遍存在着锌缺乏的现象。其原因可能与以下这些因素有关。

摄入不足

初乳中含锌量比成熟乳高，如果婴儿出生后未哺初乳或母乳不足，又未适时添加富含锌的辅食，可能会导致锌摄入不够。妈妈给孩子喂食的米面类食物，因其含有植酸、草酸及纤维素，会使锌的吸收利用率低，也容易引起锌缺乏。

需要量增加

儿童生长发育迅速，尤其是婴儿对锌的需要量相对较多，易出现锌缺乏。如早产儿可能因体内锌贮量不足，加之生长发育较快而发生锌缺乏；儿童感染、发热，营养不良恢复期，外科术后与创伤后恢复期等锌的需要量也会增加，如果没有及时补充，易导致锌的缺乏。

饮食结构不合理，锌丢失增多

锌主要存在于动物性食品中，而我国大部分家庭主要以植物性食物为主，且植物性食物中所含的草酸、植酸、纤维素等又会严重干扰锌的吸收。此外，还有一些"素食主义"的孩子，从小就拒绝吃任何肉类、蛋类、奶类及其制品，而海产品、动物肝脏等动物性食物恰恰又是含锌量较高的食物，这样常年不吃肉、只吃素，非常容易引起缺锌。

吸收不良

锌进入人体后在小肠内被吸收，而婴幼儿容易腹泻，腹泻易造成锌在肠内的吸收减少，因此经常腹泻的小儿易缺锌。谷类食物中含植酸盐与粗纤维多，也会妨碍锌的吸收；牛乳中含锌量与母乳相似，但牛乳中的锌吸收利用率却远不及母乳。

儿童补锌技巧

当你发现孩子反应慢、身材矮小、免疫力下降等一系列问题时，是不是一下慌了神，不知该如何是好？在孩子的成长过程中，营养元素的补充非常重要，特别是锌的缺乏会导致孩子生长发育障碍。那么，孩子缺锌怎么补？补锌有何技巧呢？下面让我们一起来了解关于儿童补锌的"锌"主张吧。

确定每日摄入量

各年龄段的孩子对锌的需求量不同，一般1～6个月的宝宝每日锌摄入量只需1.5毫克，7～12个月的宝宝为每日8毫克，1～6岁的宝宝每日锌摄入量为9～12毫克，之后随着年龄的增长，对锌的需求量便呈现缓慢递增的趋势，到14～18岁时增至最高量每日19毫克。18岁之后，人体对锌的需求量就会下降，每日只需摄入11.5毫克。

均衡膳食，饮食补锌

如何有效给孩子补锌？较好而又安全的方法便是通过日常饮食来补充。在孩子的日常饮食中，可适当添加含锌丰富的天然食物，如海产品（海鱼、牡蛎、贝类等）、猪牛羊等红色肉类、动物肝脏、豆制品、坚果、谷类胚芽、蛋黄、奶制品等都是儿童补锌良好的食物来源。

一般来说，动物性食物特别是红色肉类的含锌量高于植物性食物，且其动物蛋白质分解后所产生的氨基酸能促进锌的吸收，吸收率要高于植物性食物。尤其是人工喂养的宝宝更应注重添加适量易吸收的含锌辅食，如瘦肉末、鱼泥、动物肝脏、牡蛎、花生粉、核桃仁粉等。

补锌制剂如何选？

由于日常饮食中的含锌量和锌吸收率较低，而孩子在生长发育期的锌需要量较大，单靠饮食补充可能无法达到较理想的效果。因此，对于一部分缺锌比较严重的孩子来说，可服用适量的补锌产品，如乳酸锌、葡萄糖酸锌等对孩子肠胃刺激较小、吸收率较高的有机锌，但需注意一定要在医生的指导下服用，以免补锌过多，造成锌中毒。

钙锌同补效果差

很多妈妈受市面上广告宣传的影响，认为钙锌同补既方便又易吸收，于是会选择购买钙、锌同补制剂。但是钙锌同时服用，不仅会抑制钙的吸收，也会干扰到锌本身的吸收。

如果需要补充钙元素，时间上最好错开，应至少间隔2小时以上；或者选择给孩子白天补锌，晚上补钙。

如何给孩子补铁？

缺铁性贫血是由于缺铁而引起的一种贫血，儿童是易患缺铁性贫血的三大人群之一。他们的身体功能发育还不完善，因而缺铁性贫血对孩子造成的危害是相当大的。治疗缺铁性贫血，关键是补铁。那么，孩子如何补铁才能不贫血呢？

认识"造血元素"——铁

铁是人体内含量较为丰富的一种微量元素，是造血的主要原料。铁元素在人体中具有造血功能，它参与血蛋白、细胞色素及各种酶的合成，促进生长发育；铁还在血液中起运输氧和营养物质的作用，帮助消化食物，获得营养，产生能量。此外，铁还能调节组织呼吸、防止疲劳，增强人体对疾病的抵抗力。人体如果缺铁，就会导致缺铁性贫血、免疫功能下降和新陈代谢紊乱。

铁对孩子的重要性

铁是儿童生长发育与健康的重要营养素之一，对孩子的影响可不小。

①影响孩子身体的正常发育。儿童正处在体质发育期，缺铁会造成小肠吸收功能紊乱，使促进生长发育的营养物质减少，严重者还会发展为贫血性心脏病或心力衰竭。

②影响孩子的智力发育。孩子贫血会造成组织供氧不足，而给各组织系统造成损害。长期缺乏铁，会降低儿童的认知能力，即使在补充铁剂后也难以恢复。

③影响孩子的机体免疫力和抗感染能力。缺铁性贫血会使皮肤黏膜的防卫功能和免疫功能降低，因此，缺铁会增加孩子感染其他疾病的风险。

④影响孩子的心理活动及行为的变化。缺铁的孩子爱哭、易怒，对新鲜事物反应不灵敏。因缺乏注意力和坚持性而被认为是性格障碍和情绪障碍，甚至被认为是多动症。

孩子缺铁的表现

①面色苍白、疲乏无力、食欲不振，常有恶心、呕吐、腹泻、腹胀或便秘等现象。

②头发稀黄、易脱落、无光泽，指甲扁平易碎。

③精神不振，有时烦躁不安，会出现头昏、耳鸣、记忆力减退等症状。

④抵抗力差，易出现呼吸道感染等问题。

⑤偏食，喜食泥土、墙皮、生米、纸屑等。

孩子缺铁的原因

缺铁给孩子带来的伤害是不可逆转的。妈妈一旦发现孩子有缺铁的症状，要及时找到孩子缺铁的原因，以便采用正确的方法给孩子补铁。

①储备和摄入量不足。出生时体内铁储备量不足以及人工喂养的宝宝，更易发生缺铁性贫血。

②生长发育需求量增加。婴幼儿及儿童处在生长发育期，生长发育速度快，机体对铁的需求量也在快速增长，易引起铁的缺乏。

④铁的丢失或消耗过多。如慢性腹泻等胃肠道疾病会影响铁的吸收，而反复感染则有可能使铁消耗增多。

⑤食物摄入影响。食物中的植酸、草酸及高磷低钙膳食会抑制铁的吸收，儿童偏食、厌食，也会导致铁吸收过少而引起铁缺乏。

儿童补铁技巧

有些妈妈可能会疑惑宝宝为什么会铁质不足？其问题的关键归根结底还是在于怎么吃上。错误的饮食方式，不仅无益于宝宝补铁，反而会抑制铁的吸收，让宝宝怎么补都"补不上"。而只有找对方法，才能让孩子更有效地补铁，成为健康小"铁"人。

确定摄入量

一般，婴儿每日铁的摄入量为1.5毫克，6个月以上宝宝对铁的需要增加，因而每日铁的摄入量为8毫克。

饮食补铁

在饮食上，要尽可能选择含铁丰富的食物，一般动物性食物中颜色越深的，含铁量越高，铁的吸收率也较高，如动物肝脏、牛肉、羊肉、鸡鸭血、鱼肉、蛋、海产品等；植物性食物中，深颜色的也比浅颜色的含铁量要高，如紫菜、海带、黑豆、黑木耳等。多给孩子吃一些含维生素C丰富的水果，如柑橘、橙子、猕猴桃、西红柿、鲜枣等，维生素C是铁的好搭档，可以促进铁的吸收，同时还能使食物中的铁转变为能吸收的亚铁。

钙铁不能同补

补铁时，不能与补钙制剂一起服用，这样不仅会影响骨骼对钙的吸收，还会影响铁元素的生物利用率。此外，补铁时也不要与咖啡、茶、牛奶、可乐等一起服用。

儿童饮食原则

造成孩子缺钙、缺铁、缺锌的因素有很多，而饮食是导致孩子钙铁锌摄入不足的关键所在。很多孩子普遍存在着挑食、偏食、不吃正餐而胡乱吃零食、爱吃甜食等不良的饮食习惯。因此，掌握健康的饮食原则，帮助孩子建立起良好的饮食习惯，除了能提供生长发育所需的营养外，还有助于为孩子建立健康的膳食模式。

营养均衡

儿童处于生长发育的关键时期，很多家长总是担心孩子营养摄入不足，而让孩子多吃对身体有益的食物。但是吃得多并不意味着吃得健康，只有将多种食物进行合理搭配，将不同营养均衡分配到孩子的每日饮食中，才是对孩子有益的。

均衡的膳食应该包括蛋白质、脂肪、糖类、矿物质、维生素这五类营养素。任何一种食物，无论是植物性食物还是动物性食物，都不可能包含所有的营养素，而任何一种营养素也不可能具备全部的营养功能。因此，妈妈在为孩子准备每天的膳食时，要注意合理搭配各种食物，保证孩子每天都能摄取到谷薯类的主食、鱼蛋肉奶豆类的副食以及蔬菜、水果等多种食物。

食物多样，谷类为主

各种食物所含营养成分并不完全相同，都有其各自的营养优势，没有任何一种天然食物能够完全提供人体所必需的全部营养素，因此儿童需要广泛食用多种食物，以满足身体对各种营养素的需求。

谷类食物，如荞麦、燕麦、玉米、小米、面条等作为人体能量的主要来源，也是我国传统膳食的主体，可为处在生长发育阶段的儿童提供充足的糖类、蛋白质、膳食纤维和B族维生素等。因此，儿童膳食也应该以谷类食物为主，并注意粗细粮的合理搭配。

蛋白质、维生素、矿物质缺一不可

对于生长发育迅速的孩子来说，均衡的营养尤其重要，可以说，蛋白质、维生素、矿物质这三者一个都不能少。蛋白质是构成身体各个器官及肌肉的基本元素，也是修复细胞、制造酶的必需物质。经常让孩子吃适量的肉、牛奶、豆浆及其制品，可为孩子提供优质蛋白质。维生素虽不能为人体提供热量，但在维持生命与调节生理机能方面发挥着重要作用；矿物质参与构成人体组织结构，能够调节机体代谢、促进生长发育。虽然两者体积都很微小，但对孩子的成长帮助可不小。家长要让孩子平时多吃一些含维生素和矿物质丰富的食物，如鱼类、肉类、动物肝脏、黑木耳、大枣、花生、玉米、鸡蛋等。

正确选择零食，少喝加工饮料

儿童正处于体格和智力发育的关键时期，适当、适时、适量地吃些零食能够为他们提供生长发育所需要的部分能量和营养素，补充正餐的营养不足。因此，家长不能简单地把吃零食看做是一种不健康的行为，要积极引导孩子，让孩子学会选择营养相对均衡、全面的零食，如无糖或低糖燕麦片、煮玉米、全麦面包、豆浆、水果、纯牛奶、酸奶以及鸡蛋等。此外，家长还应鼓励孩子多喝白开水，少喝碳酸饮料和含糖饮料，以免引起孩子厌食、消瘦、蛀牙、肠胃炎、情绪不稳等。

进食量与活动量要平衡

进食量与体力活动是控制体重的两个主要因素。如果进食量过大而活动量不足，多余能量就会在体内以脂肪的形式囤积而使体重过度增长，造成儿童超重和肥胖；相反，如果进食量长期无法满足运动能量所需时，则可能导致儿童生长发育迟缓、消瘦和抵抗力下降。因此，消瘦儿童应适当增加食量和油脂的摄入量，同时还可以选择一些有营养的食品进行合理加餐；而肥胖儿童则应适当控制食量和高油脂食物的摄入量，并增加活动量及活动持续时间。

培养良好的饮食习惯

当孩子具有一定的独立活动能力时，其模仿能力逐渐增强，兴趣随之增加，很容易受天气变化、疾病、情绪等各种因素的影响而出现饮食无规律，吃过多零食，进食过量等状况，甚至可能养成挑食、偏食等不良饮食习惯。因此，家长要培养孩子对各类食物的兴趣，并特别注意培养孩子良好的饮食习惯，如三餐定时、定点、定量，吃饭细嚼慢咽，不挑食、不偏食等，这对于孩子来说，将会受益终生。

妈妈必修课

　　"钙"对孩子生长发育的重要性不言而喻。阅读前一章节后，妈妈们也应该了解到食物的选择会影响到钙质的吸收，而帮助孩子选择高钙食物，让孩子能够从食物中获取天然的钙源，自然成为每个妈妈迫不及待想要解决的事。

　　那么，如何选对补钙食材，合理调配孩子的日常饮食呢？本章为妈妈们挑选出34种含钙丰富的常见食材，并附上制作精美的补钙食谱，让补钙不再是难事，为孩子从小保存好骨本。

PART 2

补钙食谱，
餐桌上的"钙"世英雄！

黑豆	芥蓝	海参	木耳	金橘
黄豆	上海青	蟹	黑芝麻	葡萄干
燕麦	白菜	海蜇	榛子	奶酪
豆腐	海带	蛤蜊	杏仁	酸奶
豌豆	紫菜	生鱼	莲子	牛奶
芥菜	虾皮	鲫鱼	山楂	鸭蛋
苋菜	虾	鲦鱼	柠檬	

黑豆

『推荐烹调法』
煮、蒸

▶含钙量：
224毫克/100克
▶补钙原理：
黑豆的含钙量是豆类中最
高的，且具有祛风除湿、
调中下气的作用，可有效
防治儿童因缺钙引起的盗
汗、自汗等现象。

营养成分

黑豆含蛋白质、不饱和脂肪酸、磷脂、钙、磷、铁、烟酸、叶酸、大豆黄酮、皂苷、黑豆色素、黑豆多糖和异黄酮等。

营养功效

黑豆中含有一定量的卵磷脂，能起到健脑益智的作用，对促进儿童的智力发育有益；黑豆中还含有蛋白质、维生素E及花青素等，能有效清除体内的自由基，提高儿童自身免疫力，促进其生长发育。

温馨提示

黑豆宜煮熟食用，如食用未煮熟的黑豆，会引起儿童腹痛、腹胀；炒黑豆热性大，易上火，儿童不宜食用，黑豆当以蒸、煮为宜。此外，正宗的纯黑豆，颗粒大小并不均匀，有大有小，而且颜色并不是纯黑的，有的墨黑，有的黑中泛红。

搭配宜忌

 ✔ 黑豆 + 谷类 = 营养更全面

 ✔ 黑豆 + 红枣 = 补肾补血

 ✔ 黑豆 + 红糖 = 滋补肝肾

 ✘ 黑豆 + 蓖麻子 = 对身体不利

姜汁黑豆豆浆

◗ 原料：

姜汁30毫升，水发黑豆45克

◗ 做法：

1.把备好的姜汁倒入豆浆机中，倒入洗净的黑豆。

2.注入适量清水，至水位线。

3.盖上豆浆机机头，选择"五谷"程序，再选择"开始"键，开始打浆。

4.待豆浆机运转约15分钟，即成豆浆。

5.将豆浆机断电，取下机头。

6.把煮好的豆浆倒入滤网，滤取豆浆。

7.将豆浆倒入碗中，用汤匙撇去浮沫即成。

专家点评

黑豆含有维生素E、钙、钾等营养成分，具有补脾、利水、解毒等功效，搭配有和胃、散寒功效的姜汁食用，能提高儿童的机体免疫力，预防感冒。

枸杞黑豆炖羊肉

◗ 原料：

羊肉400克，水发黑豆100克，枸杞10克，姜片15克

◗ 调料：

料酒18毫升，盐、鸡粉各2克

◗ 做法：

1.锅中注水烧开，倒入羊肉，搅散，淋入9毫升料酒，煮沸，汆去血水，捞出，沥干。

2.砂锅中注水烧开，倒入黑豆，放入汆过水的羊肉。

3.加入姜片、枸杞，淋入9毫升料酒，搅拌匀。

4.烧开后用小火炖1小时，至食材熟透，放入盐、鸡粉，用勺拌匀调味。

5.关火后盛出汤料，装入汤碗中即成。

专家点评

羊肉有温中补虚的作用，可改善脾胃虚寒所致的消化不良、恶心呕吐等症，搭配补肝肾的枸杞和健脑益智的黑豆同食，对提高儿童学习效率有益。

黄豆

『推荐烹调法』
煮、蒸

▶含钙量：
191毫克/100克

▶补钙原理：
黄豆中的钙含量高，能促进骨骼发育；而且黄豆是优质蛋白质的重要来源，能提高钙在儿童体内的吸收利用率，可有效防治小儿佝偻病。

营养成分

黄豆含蛋白质，矿物元素钙、铁、锌、硒等，以及天门冬氨酸、卵磷脂、可溶性纤维、谷氨酸和微量胆碱等。

营养功效

黄豆含有丰富的矿物质及多种人体必需的氨基酸，有增加机体细胞组织营养的作用，对提高儿童免疫力十分有效；且黄豆中富含的可溶性纤维素，能促进胃肠蠕动，缓解小儿便秘。

温馨提示

黄豆不易消化、吸收，故消化不良的儿童不宜食用。此外，挑选黄豆的时候，要挑选颗粒饱满、大小颜色一致、无杂色、无霉烂、无虫蛀、无破皮的；而且用牙咬时，会发出清脆的声响，且成碎粒。

搭配宜忌

 ✓ 黄豆 + 胡萝卜 = 有助骨骼发育

 ✓ 黄豆 + 红枣 = 健脾养胃

 ✓ 黄豆 + 茄子 = 润燥消肿

 ✗ 黄豆 + 菠菜 = 不利于营养的吸收

补钙食谱

专家点评

猪蹄含丰富的胶原蛋白，能辅助治疗原发性骨骼疾病；黄豆中所含的卵磷脂是大脑细胞的重要组成部分，故此道膳食，对促进儿童的大脑及骨骼发育十分有效。

黄豆焖猪蹄

◗ 原料：

猪蹄块400克，水发黄豆230克，八角、桂皮、香叶、姜片各少许

◗ 调料：

盐、鸡粉各2克，生抽6毫升，老抽3毫升，料酒、水淀粉、食用油各适量

◗ 做法：

1.锅中注水烧开，倒入猪蹄块，拌匀，加入料酒，汆去血水，捞出。

2.用油起锅，放姜片、猪蹄、老抽、八角、桂皮、香叶，注水至没过食材，搅匀。

3.用中火焖约20分钟，倒黄豆、盐、鸡粉、生抽，小火煮约40分钟至食材熟透，拣出桂皮、八角、香叶、姜片。

4.倒水淀粉，转大火收汁，盛出即成。

补钙食谱

专家点评

茄子有清热止血、消肿止痛等功效；黄豆具有增强免疫力、祛风明目、清热利水等功效。两者搭配食用，对提高机体抗病能力，促进儿童生长发育有食疗作用。

黄豆焖茄丁

◗ 原料：

茄子70克，水发黄豆100克，胡萝卜30克，圆椒15克

◗ 调料：

盐、鸡粉各2克，料酒4毫升，胡椒粉3克，芝麻油3毫升，食用油适量

◗ 做法：

1.胡萝卜切丁，圆椒、茄子切丁，备用。

2.用油起锅，倒入胡萝卜、茄子，炒匀。

3.注水，倒黄豆、盐、料酒，烧开后用小火煮约15分钟，倒入圆椒，拌匀。

4.用中火焖约5分钟至食材熟透，加入鸡粉、胡椒粉、芝麻油，转大火收汁。

5.关火后盛出焖煮好的菜肴即成。

燕麦

『 推荐烹调法 』
蒸、煮

▶含钙量：
186毫克/100克
▶补钙原理：
燕麦是谷物类食物中含钙量较多的食物，且还有促进血液循环的作用，能为骨骼发育输送更多的营养，可防止因缺钙引起的厌食、偏食现象。

营养成分

燕麦含有亚油酸、蛋白质、脂肪、维生素E及钙、磷、铁等。

营养功效

燕麦含有多种人体必需的氨基酸，常食可提高儿童的抗病能力；而且燕麦是典型的高蛋白低糖分食物，含有的可溶性纤维，能够延缓胃排空、增加饱腹感、控制食欲、排出肠道垃圾，有利于预防儿童肥胖、维持肠道健康。

温馨提示

燕麦一次不宜食用太多，否则会造成胃痉挛或腹胀，尤其是脾胃虚弱的儿童应少食。此外，市面上出售的燕麦片类产品，如果包装不透明，应该看其营养成分，若蛋白质含量在8%以下，说明其中燕麦片含量过低，不适合作为早餐的唯一食品。

搭配宜忌

 ✔ 燕麦 + 牛奶 = 促进营养的吸收

 ✔ 燕麦 + 山药 = 降低胆固醇

 ✔ 燕麦 + 百合 = 润肺止咳

 ✘ 燕麦 + 白糖 = 导致胀气

薏米燕麦粥

◐ 原料:

薏米75克，燕麦60克

◐ 做法:

1.砂锅中注入适量清水烧热。

2.倒入备好的薏米、燕麦，搅拌均匀。

3.盖上锅盖，烧开后用小火煮约40分钟至其熟软。

4.揭开锅盖，持续搅拌一会儿。

5.关火后盛出煮好的薏米燕麦粥，装入碗中即成。

专家点评

　　燕麦含维生素B_1、维生素B_2、钙、磷等营养成分，具有健胃、消积、止汗等功效，搭配有益脾养胃作用的薏米同食，能防治小儿缺钙引起的盗汗、自汗等现象。

燕麦五宝饭

◐ 原料:

水发大米120克，水发黑米60克，水发红豆45克，水发莲子30克，燕麦40克

◐ 做法:

1.砂锅中注入适量清水烧热，倒入洗好的大米、黑米、莲子。

2.放入洗净的红豆、燕麦。

3.将食材搅拌均匀。

4.盖上盖，烧开后用小火煮至熟。

5.关火后揭开盖，将煮熟的燕麦五宝饭盛出即成。

专家点评

　　本品混合多种杂粮食用，膳食纤维含量丰富，对促进肠胃蠕动、帮助消化极为有利，而且还具有补钙、补血等功效，对儿童生长发育有益。

豆腐

『推荐烹调法』
煎、炖、煮

▶ 含钙量：
164毫克/100克

▶ 补钙原理：
在日常生活中，若钙摄入不足，易造成儿童体内的血钙水平下降，而豆腐不但含钙量高，且细嫩易消化，儿童常食，可维持机体血钙代谢平衡。

营养成分

豆腐富含蛋白质、糖类、不饱和脂肪酸、卵磷脂、钙、磷等。

营养功效

豆腐能生津润燥、清热解毒、和脾胃，能提高儿童的抗病能力；另外，豆腐对降低血铅浓度、促进机体代谢十分有益，能预防儿童铅中毒。豆腐中还富含大豆卵磷脂，其有益于儿童的神经及大脑发育。

温馨提示

优质豆腐块形完整、软硬适度，富有一定的弹性，质地细嫩、结构均匀、无杂质，摸上去没有黏稠的感觉。此外，过量食用豆腐很容易导致碘缺乏，建议儿童食用时，搭配含碘丰富的紫菜、海带等一起食用，且勿过量。

搭配宜忌

 ✔ 豆腐 + 鱼 = 补钙

 ✔ 豆腐 + 草菇 = 健脾补虚、增进食欲

 ✔ 豆腐 + 西葫芦 = 预防病毒性感冒

 ✘ 豆腐 + 蜂蜜 = 腹泻

补钙食谱

酸甜脆皮豆腐

原料：

豆腐250克，生粉20克，酸梅酱适量

调料：

白糖3克，食用油适量

做法：

1.将洗净的豆腐切开，再切长方块。

2.滚上一层生粉，制成豆腐生坯，待用。

3.取酸梅酱，加入白糖，拌匀，调成味汁，待用。

4.热锅注油，烧至四五成热，放入豆腐。

5.轻轻搅匀，用中小火炸约2分钟，至食材熟透。

6.关火后捞出豆腐块，沥干油，装入盘中，浇上味汁即成。

专家点评

豆腐含有蛋白质、B族维生素、叶酸、铁、钾、钙、锌、磷等营养成分，除有增加营养、帮助消化、增进食欲的功能外，对儿童牙齿、骨骼的生长发育也颇为有益。

补钙食谱

豆腐猪血炖白菜

原料：

猪大骨400克，白菜、猪血各120克，豆腐150克，八角、姜片、葱段各少许

调料：

盐、鸡粉各2克，生抽、胡椒粉各少许

做法：

1.白菜切块，豆腐、猪血切小方块。

2.开水锅中倒入猪骨，汆去血水，捞出。

3.另起锅，注水烧开，倒入猪骨，加入八角、姜片、葱段，烧开后用小火煮约90分钟，倒入豆腐、猪血、白菜，拌匀。

4.小火煮至食材熟透，加盐、鸡粉，用大火煮沸，加生抽、胡椒粉，拌匀调味。

5.关火后盛出锅中的菜肴即成。

专家点评

猪骨含蛋白质、磷酸钙、骨胶原、骨黏蛋白等，具有益气力、补虚弱、强筋骨、增强免疫力等功效，尤其是能促进豆腐中钙的吸收利用，防止儿童缺钙。

豌豆

『推荐烹调法』
炒、煮

▶含钙量：
97毫克/100克

▶补钙原理：
体内钙磷比例失调，会影响机体对钙的吸收，导致钙缺乏，而影响生长。豌豆钙磷比例适中，儿童食用能促进钙的吸收，有增高助长的功效。

营养成分

豌豆含有蛋白质、脂肪、糖类、叶酸、膳食纤维、B族维生素、维生素C、维生素E、钙、磷等。

营养功效

豌豆中富含粗纤维，能促进大肠蠕动，保持大便畅通，起到清洁大肠的作用，对维持儿童的胃肠道健康有益。此外，豌豆中还含有赤霉素和植物凝素，对增强儿童的新陈代谢有作用；豌豆含有丰富的维生素A原，维生素A原可在体内转化为维生素A，对儿童皮肤有保护作用。

温馨提示

豌豆宜搭配富含氨基酸的食物（鸡肉、羊肉、鸡蛋等）炖、煮，以促进豌豆中各种营养物质的吸收。另外，炒熟的干豌豆尤其不易消化，过量食用会引起儿童消化不良、腹胀等。

搭配宜忌

 ✓ 豌豆 + 玉米 = 起到蛋白质互补作用

 ✓ 豌豆 + 面粉 = 提高营养价值

 ✗ 豌豆 + 蕨菜 = 阻碍营养的吸收

 ✗ 豌豆 + 醋 = 消化不良

补钙食谱

豌豆炒牛肉粒

⊕原料：

牛肉260克，彩椒20克，豌豆300克，姜片少许

⊕调料：

盐、鸡粉、料酒、食粉、水淀粉、食用油各适量

⊕做法：

1.彩椒切丁，牛肉切粒；往牛肉中加盐、料酒、食粉、水淀粉、食用油，腌渍15分钟。

2.锅中注水烧开，倒豌豆、盐、食用油，煮1分钟，倒入彩椒，略煮后捞出。

3.热锅注油烧热，将牛肉滑油后捞出；另用油起锅，放姜片、牛肉、料酒，炒香。

4.倒入焯好的食材，炒匀，加盐、鸡粉、料酒、水淀粉，炒匀后盛出即成。

专家点评

牛肉具有补中益气、滋养脾胃、强健筋骨、止渴止涎等功效；豌豆能促进消化、增强新陈代谢。两者搭配食用，能增加骨骼柔韧度，防止儿童骨折。

补钙食谱

香蕉玉米豌豆粥

⊕原料：

水发大米80克，香蕉70克，玉米粒30克，豌豆55克

⊕做法：

1.洗净的香蕉去除果皮，把果肉切条形，改切成丁，备用。

2.砂锅中注入适量清水烧开，倒入洗好的大米，搅拌匀。

3.放入清洗干净的玉米粒、豌豆，轻轻搅拌均匀。

4.盖上盖，烧开后转小火煮约30分钟，至食材熟软。

5.揭盖，倒入香蕉，拌匀，关火后盛出煮好的粥即成。

专家点评

此道膳食中含有维生素A、维生素C、膳食纤维、钙、磷、钾等营养成分，具有通便排毒、安神助眠等功效，对小儿缺钙引起的失眠、惊厥等有改善作用。

芥菜

『推荐烹调法』
炒、炝

▶含钙量：
230毫克/100克

▶补钙原理：
芥菜的含钙量高于一般蔬菜，而且具提神醒脑之效，可预防少年儿童因缺钙引起的精神不集中现象，对提高儿童的学习效率十分有益。

营养成分

芥菜含有维生素A、B族维生素、维生素C、胡萝卜素、纤维素，还含有钙、镁、铁、钾等矿物质及抗坏血酸等。

营养功效

芥菜中含有胡萝卜素和大量膳食纤维，有明目、宽肠通便的作用，常食可保护儿童视力、防治便秘。此外，芥菜还含有多种维生素，能够增加大脑中的氧含量，促进儿童的智力发育；芥菜还有解毒消肿之效，对预防小儿感染性疾病有益。

温馨提示

芥菜常被制成腌制品食用，但腌制后的芥菜含有大量盐分，会妨碍血液循环，破坏机体免疫系统，不适合儿童食用，故芥菜还是鲜食为宜。此外，内热偏盛及患有热性咳嗽的儿童不宜食用芥菜。

搭配宜忌

 ✔ 芥菜 + 粳米 = 健脾养胃

 ✔ 芥菜 + 马齿苋 = 清热凉血

 ✔ 芥菜 + 猪肉 = 益胃和中

 ✘ 芥菜 + 山楂 = 引起腹泻

芥菜魔芋汤

❶原料：

芥菜130克，魔芋180克，姜片少许

❶调料：

盐、鸡粉各2克，料酒、食用油各适量

❶做法：

1.将魔芋、芥菜切成小块。

2.锅中注水烧开，放入1克盐。

3.倒魔芋，煮至沸，捞出，装盘待用。

4.用油起锅，放入姜片，爆香，倒入芥菜，炒匀，淋入料酒，炒香。

5.加适量清水，倒入魔芋，搅拌匀，放入鸡粉、1克盐，炒匀调味。

6.烧开后煮2分钟至熟，把煮好的汤料盛出，装入碗中即成。

专家点评

　　魔芋及芥菜都是富含膳食纤维的食物，尤其是魔芋中所含的膳食纤维在进入胃部时可减少或降低对糖类的吸收，对预防儿童肥胖有益。

芥菜瘦肉豆腐汤

❶原料：

豆腐350克，芥菜70克，猪瘦肉80克

❶调料：

盐、鸡粉、胡椒粉、芝麻油、水淀粉、食用油各适量

❶做法：

1.芥菜切小段，豆腐切小块，猪瘦肉切片。

2.往肉片中加盐、鸡粉、水淀粉，拌匀上浆，倒入食用油，腌至入味，待用。

3.用油起锅，倒入芥菜段，炒至断生，注水煮沸，倒入豆腐块、肉片，煮至断生，加入鸡粉、盐，拌匀调味。

4.撒上胡椒粉，淋入芝麻油，拌煮至入味，关火后盛出即成。

专家点评

　　芥菜含有维生素、食用纤维等营养成分，具有宽肠通便、提神醒脑、促进胃肠消化等功效；而且豆腐与芥菜都是含钙高的食物，对防止小儿缺钙也有益。

苋菜

『推荐烹调法』
炒、炝

▶含钙量：
178毫克/100克

▶补钙原理：
苋菜叶富含易被人体吸收的钙质，不但能对儿童的牙齿和骨骼发育起到促进作用，而且还能维持正常的心肌活动，防止肌肉痉挛，是补钙佳品。

营养成分

苋菜含有蛋白质、脂肪、糖类、粗纤维、灰分、胡萝卜素、烟酸、维生素C、钙、磷、铁等。

营养功效

苋菜中的铁含量较为丰富，具有促进凝血、增加血红蛋白含量并提高携氧能力、促进造血等功能。此外，还具有利尿除湿的作用，对小儿湿疹及多汗有改善作用；其所含胡萝卜素比茄果类高，能帮助儿童强身健体，提高免疫力。

温馨提示

苋菜在烹调的时候，时间不宜过长，也不宜一次性食用过多，否则易引发皮炎。另外，烹调时加入适量蒜瓣，不但能增加其风味，还能起到杀菌解毒的作用。苋菜虽味美，但是消化不良、腹满、大便稀薄等脾胃虚弱的儿童要少吃或不吃为好。

搭配宜忌

 ✓ 苋菜 + 猪肝 = 增强免疫力

 ✓ 苋菜 + 猪肉 = 治疗慢性尿道疾病

 ✓ 苋菜 + 鸡蛋 = 增强人体免疫力

 ✗ 苋菜 + 甲鱼 = 难以消化

专家点评

苋菜能解毒清热、补血止血；银鱼具有益脾胃、补气润肺之效，且两者含钙量都不低，故此品对改善儿童缺钙，提高机体免疫力都有很好的效果。

苋菜银鱼汤

◗**原料：**

苋菜150克，水发银鱼30克，姜片少许

◗**调料：**

盐少许，鸡粉2克，料酒、食用油各适量

◗**做法：**

1.苋菜切成段。

2.用油起锅，放入姜片，爆香。

3.倒入银鱼，炒匀，淋入料酒，炒香，放入苋菜，炒匀。

4.倒入适量清水，用大火煮沸，至全部食材熟透，加入适量盐、鸡粉，用锅勺搅匀调味。

5.把煮好的汤料盛出，装入碗中即成。

专家点评

苋菜含有蛋白质、胡萝卜素、钙、磷、钾、镁及多种维生素，有清热解毒、明目利咽、增强体质的功效，对提高儿童自身的抗病能力，促进其生长发育有益。

椒丝炒苋菜

◗**原料：**

苋菜150克，彩椒40克，蒜末少许

◗**调料：**

盐、鸡粉各2克，水淀粉、食用油各适量

◗**做法：**

1.彩椒切成丝，装入盘中，备用。

2.用油起锅，放入蒜末，爆香，倒入择洗净的苋菜，翻炒至其熟软。

3.放入彩椒丝，翻炒均匀，加入盐、鸡粉，炒匀调味，倒入适量水淀粉勾芡。

4.将炒好的菜盛出，装入盘中即成。

芥蓝

『推荐烹调法』
炒、炝

▶ 含钙量：
128毫克/100克

▶ 补钙原理：
芥蓝不但含钙量高，且具有利水化痰、清热解毒的作用，对小儿因缺钙引起的盗汗、多汗现象有辅助食疗作用，而且还可预防小儿佝偻病。

营养成分

芥蓝含有维生素C、维生素A、β-胡萝卜素、纤维素、糖类，还含有钙、镁、磷、钾、铜、铁、锌、硒等矿物质。

营养功效

芥蓝中含有喹啉，虽使芥蓝带有一定的苦味，但它能抑制过度兴奋的体温中枢，起到消暑解热作用，特别适合爱运动的儿童在夏天食用。此外，它还含有大量膳食纤维，能防止小儿便秘。

温馨提示

在挑选芥蓝的时候，如果是叶用芥蓝，要选择叶片完整，没有枯黄现象的，若其顶部的花已经盛开，则该株芥蓝已老。若是包心芥蓝，则可选用叶柄没有软化现象，叶柄肥厚、较脆嫩的食材。

搭配宜忌

 ✔ 芥蓝 + 西红柿 = 防癌

 ✔ 芥蓝 + 山药 = 消暑

 ✔ 芥蓝 + 白菜苔 = 抗癌

 ✔ 芥蓝 + 猪肉 = 滋养脏腑

补钙食谱

专家点评

芥蓝中含有的有机碱，不但能刺激人的味觉神经，还可加快胃肠蠕动，促进消化，对因缺钙引起的食欲不振及小儿疳积有改善作用。

蒜蓉芥蓝片

◗**原料：**

芥蓝梗350克，蒜末少许

◗**调料：**

盐4克，料酒、水淀粉各4毫升，鸡粉2克，食用油适量

◗**做法：**

1.洗净去皮的芥蓝切成片。

2.开水锅中加入2克盐、食用油，放入芥蓝片，搅匀，煮半分钟，捞出沥干，待用。

3.用油起锅，放入蒜末，爆香，倒入芥蓝片，加入料酒、2克盐、鸡粉，炒匀调味，倒入水淀粉，快速翻炒匀。

4.关火后盛出炒好的芥蓝，装入盘中，摆好盘即成。

补钙食谱

专家点评

芥蓝有利水化痰、解毒祛风、消暑解热、解劳乏、清心明目等功效，对儿童缺钙引起的各种牙周疾病有缓解作用，且还能预防儿童惊厥、精神不振等症。

凉拌芥蓝

◗**原料：**

芥蓝150克，红椒20克，蒜末少许

◗**调料：**

盐3克，鸡粉2克，白糖4克，生抽3毫升，辣椒油、芝麻油、食用油各适量

◗**做法：**

1.芥蓝切丁；红椒对半切开，改切成丁。

2.锅中注水烧开，加食用油、1克盐、芥蓝，略煮片刻，倒入红椒丁，续煮至食材熟透，捞出，沥干水分。

3.把焯煮好的食材倒入碗中，放入蒜末、2克盐、生抽、白糖、鸡粉、辣椒油、芝麻油，搅拌均匀。

4.将拌好的食材装入盘中即成。

上海青

『推荐烹调法』
炒、烩

▶ 含钙量：
108毫克/100克

▶ 补钙原理：
上海青不仅含钙较高，且钙磷比例适中，能促进机体对钙的吸收，对预防牙龈出血、牙齿松动有益，儿童换牙期多食，能够保护牙齿健康成长。

营养成分

上海青含蛋白质、脂肪、糖类、钙、磷、铁、B族维生素、维生素C、胡萝卜素。

营养功效

上海青中含有大量胡萝卜素和维生素C，有助于提高儿童的抗病能力、保护其视力；上海青还富含纤维素，能促进肠道蠕动，缩短粪便在肠道停留的时间，减少脂类吸收，从而有效保护儿童的胃肠道健康，预防儿童肥胖。

温馨提示

上海青要挑选新鲜、油亮、无虫、无黄叶，且能够用两指轻轻掐断者。此外，上海青应即买即食，炒熟的上海青过夜后，不能再食用，食用过夜蔬菜易造成体内亚硝酸盐沉积，对健康不利。

搭配宜忌

 ✓ 上海青 + 虾仁 = 增加钙的吸收

 ✓ 上海青 + 豆腐 = 增强机体免疫力

 ✗ 上海青 + 山药 = 影响营养素的吸收

 ✗ 上海青 + 南瓜 = 降低营养价值

补钙食谱

专家点评

上海青及海米都是含钙高的食物，能有效防止儿童缺钙，且上海青还具有解毒消肿、促进消化的等功效，可提高儿童的食欲、防治便秘。

上海青拌海米

◐原料：

上海青125克，熟海米35克，姜末、葱末各少许

◐调料：

盐、白糖、鸡粉各2克，陈醋10毫升，芝麻油8毫升，食用油适量

◐做法：

1.上海青切成两段；锅中注水烧开，放入上海青梗，淋入少许食用油，煮至断生。

2.放入菜叶，拌匀，煮至软，捞出。

3.取一碗，倒上上海青，撒上姜末、葱末。

4.放盐、白糖、陈醋、鸡粉、芝麻油，拌匀。

5.加入熟海米，搅拌均匀，将拌好的菜肴装入盘中即成。

补钙食谱

专家点评

橘子含有维生素C、胡萝卜素、柠檬酸、钙、磷等营养成分，具有开胃理气、止咳润肺、消除疲劳等功效，搭配上海青煮粥食用，还对幼儿补钙有益。

橘子上海青稀粥

◐原料：

水发米碎60克，上海青45克，橘子汁150毫升

◐做法：

1.洗净的上海青切除根部，再切细丝，剁成碎末，备用。

2.砂锅中注入适量清水烧开，倒入备好的米碎，拌匀。

3.盖上盖，烧开后用小火煮约20分钟至全部食材熟透。

4.揭开盖，倒入橘子汁，放入备好的上海青，搅拌均匀。

5.转大火煮约3分钟至食材熟透，关火后盛出煮好的稀粥即成。

白菜

『推荐烹调法』
炒、拌

▶含钙量：
69毫克/100克

▶补钙原理：
白菜含钙量较高，具有清热除烦、润肺生津的作用，能改善儿童期因缺钙引起的烦躁不安、不易入睡等症状，帮助幼儿健康成长。

营养成分

白菜含有蛋白质、脂肪、粗纤维、胡萝卜素、维生素B_1、烟酸、维生素C、钙、磷、铁、锌等。

营养功效

白菜含有大量纤维素，不但能起到润肠通便、助消化的作用，还能促进人体对动物蛋白质的吸收，常食可增加儿童的抗病能力。此外，白菜含水量高、热量低，特别适合肥胖儿童在减肥期间食用。

温馨提示

选购白菜时，宜选择菜叶新鲜、嫩绿，菜帮洁白，包裹较紧密、结实，无病虫害的；如若菜帮处有黑点，则不宜购买；一般同等大小的白菜，越重的包裹越紧实。此外，切白菜时，宜顺丝切，这样白菜更易炒熟。

搭配宜忌

 ✅ 白菜 + 猪肉 = 补充营养、通便

 ✅ 白菜 + 牛肉 = 健胃消食

 ✅ 白菜 + 海带 = 预防甲状腺肿大

 ❌ 白菜 + 黄瓜 = 降低营养价值

大白菜老鸭汤

◆原料：

白菜段、鸭肉块各300克，姜片、枸杞各少许，高汤适量

◆调料：

盐2克

◆做法：

1.锅中注水烧开，放入鸭肉块，煮2分钟，汆去血水。

2.从锅中捞出鸭肉后过冷水，备用；另起锅，注高汤烧开，加鸭肉、姜片，拌匀。

3.用大火煮开后调至中火，炖1.5小时使鸭肉煮透，倒入白菜段、枸杞，拌匀。

4.煮30分钟后，加入盐，搅拌均匀，使食材入味，关火后盛出即成。

专家点评

大白菜具有增强机体免疫力、除烦解渴等功效；鸭肉具有滋养肺胃、健脾利水的功效。两者搭配，对小儿感冒、咳嗽及缺钙引起的消瘦乏力等症有改善作用。

板栗煨白菜

◆原料：

白菜400克，板栗肉80克，高汤180毫升

◆调料：

盐2克，鸡粉少许

◆做法：

1.将洗净的白菜切开，改切成瓣，备用。

2.锅中注水烧热，倒入备好的高汤，放入板栗肉，拌匀，用大火略煮。

3.待汤汁沸腾，放入白菜，加入盐、鸡粉，拌匀调味。

4.盖上盖，用大火烧开后转小火焖约15分钟，至食材熟透。

5.揭盖，撇去浮沫，关火后盛出，装入盘中，摆好即成。

专家点评

白菜具有清热解毒、开胃消食等功效；板栗有养胃健脾、强筋健骨的功效。此道膳食，对儿童缺钙食少、腰脚无力有一定的改善作用，可常食。

海带

『推荐烹调法』
煮、拌

▶含钙量：
348毫克/100克（干海带）

▶补钙原理：
海带不仅含钙量高，且还具有调节机体免疫力的功效，能防止儿童因缺钙引起的体质下降、精神不振等现象，对促进幼儿健康成长有益。

营养成分

海带含蛋白质、碘、钙、镁、铁、维生素A、B族维生素、维生素C、维生素P、藻胶酸、昆布素等。

营养功效

海带中含有碘和碘化物，有助于防治缺碘性甲状腺肿大；海带还是膳食纤维含量较为丰富的食物，可促进肠道内胆固醇以及残渣的排泄，且热量低，对预防儿童肥胖有益；常吃海带还能增强儿童免疫力。

温馨提示

制作海带时，应先将海带洗净再浸泡，然后将浸泡的水和海带一起下锅做汤食用，这样可避免溶于水的甘露醇和某些维生素被丢弃，进而保存海带中的有效成分。海带上是否有小孔洞，或者是大面积的破损，能说明海带是否有被虫蛀或者是发霉变质的情况。

搭配宜忌

 ✔ 海带 + 虾 = 补钙、防癌

 ✔ 海带 + 冬瓜 = 降血压、降血脂

 ✘ 海带 + 葡萄 = 影响钙的吸收

 ✘ 海带 + 柿子 = 降低营养价值

补钙食谱

海带虾米排骨汤

◑ 原料：

排骨350克，海带100克，虾米30克，姜片、葱花各少许

◑ 调料：

盐3克，鸡粉2克，料酒16毫升，胡椒粉适量

◑ 做法：

1.锅中注水烧开，倒入洗净的排骨，淋入8毫升料酒，拌匀，煮沸后捞出。

2.砂锅中注水烧热，倒入氽过水的排骨，倒入姜片、虾米、8毫升料酒，盖上盖，烧开后转小火煮至食材熟透。

3.揭盖，倒入洗净切好的海带，小火续煮至全部食材熟透，加盐、鸡粉、胡椒粉调味。

4.略煮一会儿，撒入葱花，盛出煮好的汤料即成。

专家点评

海带和虾米中均含有较高的钙，搭配排骨煮汤食用，更利于儿童对钙的吸收。另外，虾米中还含有较多的蛋白质，能维持机体细胞正常运转及生命活力。

补钙食谱

黄花菜拌海带丝

◑ 原料：

水发黄花菜100克，水发海带80克，彩椒50克，蒜末、葱花各少许

◑ 调料：

盐3克，鸡粉2克，生抽4毫升，白醋5毫升，陈醋8毫升，芝麻油少许

◑ 做法：

1.将洗净的彩椒切粗丝，海带切细丝。

2.锅中注水烧开，淋白醋，倒海带丝，略煮片刻，加黄花菜、1克盐、彩椒丝，搅拌匀，续煮至食材熟透，捞出，沥干。

3.把焯煮好的食材装入碗中，撒上蒜末、葱花，加2克盐、鸡粉、生抽、陈醋、芝麻油，拌匀，至食材入味。

4.将拌好的食材盛入盘中即成。

专家点评

黄花菜和海带丝都属于高钙食物，且黄花菜中含有的卵磷脂，有健脑的功效，儿童常吃可促进其智力发育。两者搭配食用，可帮助幼儿益智增高。

紫菜

『推荐烹调法』
煮、拌

▶ 含钙量：
264毫克/100克

▶ 补钙原理：
紫菜含钙非常丰富，常食不但能促进儿童的骨骼、及牙齿生长，还可缓解因缺钙引起的智力发育迟缓、记忆力减退等症，可提高儿童的学习效率。

营养成分

紫菜富含蛋白质、维生素A、维生素C、维生素B_1、维生素B_2、碘、钙、铁、磷、锌、锰、铜等。

营养功效

紫菜的碘含量几乎是粮食和蔬菜的100倍，可有效防治甲状腺肿大。此外，紫菜富含的铁和维生素B_{12}，都是造血所必需的原料，对防治儿童缺铁性贫血有一定效果；紫菜中大量的膳食纤维，可以将有害物质排出体外，保持肠道健康。

温馨提示

买回来的紫菜，要辨别其优劣，只要将其浸泡在凉水中，若浸泡的水呈蓝紫色，说明该菜在干燥、包装前已被有毒物质污染，并且这些毒素经过高温烹煮也不会消失，故不能食用。

搭配宜忌

 ✔ 紫菜 + 猪肉 = 滋阴润燥

 ✔ 紫菜 + 虾仁 = 促进钙的吸收

 ✔ 紫菜 + 海带 = 降脂减肥

 ✘ 紫菜 + 花菜 = 影响钙的吸收

补钙食谱

专家点评

紫菜与白菜的含钙量丰富，其中白菜能促进消化，紫菜能化痰软坚、清热利水，搭配食用，不仅可以补充给儿童充足的钙质，还能预防小儿便秘。

紫菜凉拌白菜心

◉ 原料：

大白菜200克，水发紫菜70克，熟芝麻10克，蒜末、姜末、葱花各少许

◉ 调料：

盐、白糖各3克，陈醋5毫升，芝麻油2毫升，鸡粉、食用油各适量

◉ 做法：

1.洗净的大白菜切成丝；用油起锅，放入蒜末、姜末，爆香，关火后盛出。

2.开水锅中倒入白菜、紫菜，略煮片刻后捞出，装入碗中，倒入炒好的蒜末、姜末。

3.加入盐、鸡粉、陈醋、白糖、芝麻油、葱花，搅拌匀，至食材入味。

4.盛出食材，撒上熟芝麻即成。

补钙食谱

专家点评

紫菜与豆腐含钙均较高，对防治儿童缺钙引起的佝偻病、生长发育迟缓等有食疗作用，且紫菜含碘也较高，对预防甲状腺肿大十分有益。

红烧紫菜豆腐

◉ 原料：

水发紫菜70克，豆腐200克，葱花少许

◉ 调料：

盐、白糖各3克，生抽4毫升，水淀粉5毫升，芝麻油2毫升，老抽、鸡粉、食用油各适量

◉ 做法：

1.豆腐切小块；锅中注水烧开，放1克盐、食用油，倒豆腐块，略煮后捞出，待用。

2.用油起锅，倒入豆腐块，略炒，加入清水，放入洗好的紫菜。

3.放2克盐、鸡粉、生抽、老抽、白糖、水淀粉，炒匀，淋芝麻油，翻炒至入味。

4.盛出食材，装入盘中，撒上葱花即成。

虾皮

『推荐烹调法』
炒、拌

▶含钙量：
991毫克/100克

▶补钙原理：
虾皮中钙的含量极为丰富，有"钙库"之称，且因其味道鲜美，儿童易于接受，是适合儿童生长期较佳的补钙食物。

营养成分

虾皮中含有蛋白质、脂肪、叶酸、维生素A、维生素B_1、维生素B_2、盐酸以及钙、磷、钾、碘、镁等矿物质。

营养功效

虾皮中含有丰富的镁元素，镁对神经系统有调节作用，对儿童的不思饮食、惊厥等症有一定的改善作用。此外，虾皮中含有大量的虾青素，有很强的抗氧化能力，能清除体内的自由基，对提高儿童食欲和增强儿童体质很有帮助。

温馨提示

辨别虾皮品质的优劣，可以将其紧握在手中，松手后虾皮个体即散开便是干燥适度的优质品，松手后不散且碎末多或发黏的则为次品或者变质品，不宜购买。另外，购买虾皮前，先试吃一点，咸度高则盐分高，多食对人身体不好，一般稍微有些咸味即可。

搭配宜忌

 ✔ 虾皮 + 紫菜 = 促进钙的吸收

 ✔ 虾皮 + 燕麦 = 健脑益智

 ✘ 虾皮 + 黄豆 = 消化不良

 ✘ 菠菜 + 虾皮 = 易形成草酸钙

补钙食谱

专家点评

羊肉含有维生素B1、维生素B₂、烟酸、磷、钙等营养成分，搭配含钙高的虾皮食用，不仅能补充儿童成长所需的钙质，还具有温补脾胃、补肝明目等功效。

羊肉虾皮汤

◐原料：

羊肉片150克，虾皮50克，蒜片、葱花各少许，高汤适量

◐调料：

盐2克

◐做法：

1.砂锅注入适量高汤，煮至沸，放入洗净的虾皮，加入蒜片，拌匀。

2.盖上盖，小火煮约10分钟至熟，揭开锅盖，放入洗净的羊肉片，搅拌均匀。

3.盖上盖，烧开后煮约15分钟至熟。

4.揭盖，加盐，拌匀调味。

5.关火后盛出煮好的汤料，装入碗中，撒上葱花即成。

补钙食谱

专家点评

虾皮含钙较高，对儿童补钙有益，且冬瓜有清热解毒、利尿消炎等功效，对小儿湿疹、风热感冒等有缓解作用，故此道膳食，对提高儿童的抗病能力有益。

虾皮炒冬瓜

◐原料：

冬瓜170克，虾皮60克，葱花少许

◐调料：

料酒、水淀粉、食用油各适量

◐做法：

1.将洗净去皮的冬瓜切片，再切粗丝，改切成小丁块，备用。

2.锅内倒入食用油，放入虾皮，拌匀。

3.淋入少许料酒，炒匀提味，放入冬瓜，翻炒均匀。

4.注入少许清水，翻炒匀，用中火煮3分钟至食材熟透。

5.倒入少许水淀粉，翻炒均匀，关火后盛出，装入盘中，撒上葱花即成。

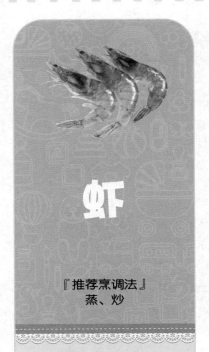

虾

『推荐烹调法』
蒸、炒

▶含钙量：
325毫克/100克

▶补钙原理：
虾所含的钙，吸收利用率较其他动物类食物更高，且肉质松软、易消化，含蛋白质丰富，能增强儿童免疫力，是体虚儿童的补钙佳品。

营养成分

虾富含蛋白质、脂肪、糖类、维生素B_1、维生素B_2、烟酸以及钙、磷、铁、硒等矿物质。

营养功效

虾肉中的镁元素能促进人体对钙的吸收；其中含有的硒元素，能维持人体正常的生理功能，提高儿童的免疫力。此外，虾的脂肪含量少，几乎不含作为能量来源的动物糖质，而且热量低，幼儿常食，可有效预防肥胖。

温馨提示

虾以鲜食为宜，但如需保存，可将其沙肠挑出，剥除虾壳，然后洒上少许酒，控干水分，再放进冰箱冷冻。需注意，虾为动风发物，体质过敏或有过皮肤病、鼻炎的儿童不宜吃虾。

搭配宜忌

 ✓ 虾 + 白菜 = 增强机体免疫力

 ✓ 虾 + 豆腐 = 利于消化

 ✓ 虾 + 西蓝花 = 补脾和胃

 ✗ 虾 + 南瓜 = 引发痢疾

补钙食谱

专家点评

虾肉不但是补钙佳品，而且富含蛋白质和DHA，是极佳的健脑食品；洋葱富含大蒜素、含硫化合物等抗氧化物质，具有增强儿童免疫力、促进肠胃蠕动的功效。

洋葱虾泥

◗ 原料：

虾仁85克，洋葱35克，蛋清30毫升

◗ 调料：

盐、鸡粉各少许，沙茶酱15克，食用油适量

◗ 做法：

1.去皮洋葱切粒；虾仁去除虾线，剁成泥。

2.虾泥装碗，放入盐、鸡粉，拌匀，加入蛋清，快速搅拌至虾泥起浆，制成虾胶。

3.加入洋葱粒，拌匀；取一蒸碗，抹上食用油，把虾胶团成球状后装入碗中。

4.蒸锅中注水烧开，放入蒸碗，蒸熟后取出，倒入另一碗中，搅碎。

5.放入沙茶酱，拌匀，把拌好的虾胶装入盘中即成。

补钙食谱

专家点评

花蛤肉含有蛋白质、钙、镁、铁、锌等营养成分，具有滋阴明目、软坚、化痰等功效；搭配虾仁食用，能补充给儿童充足的钙质，促进其骨骼的生长发育。

鲜虾花蛤蒸蛋羹

◗ 原料：

花蛤肉65克，虾仁40克，鸡蛋2个，葱花少许

◗ 调料：

盐、鸡粉各2克，料酒4毫升

◗ 做法：

1.将虾仁去除虾线，切小段，装入碗中，放入花蛤肉。

2.淋入料酒，加1克盐、1克鸡粉，拌匀，腌渍约10分钟。

3.取蒸碗，打入鸡蛋，加1克鸡粉、1克盐，调匀，倒入温开水，放入腌好的虾仁、花蛤，搅拌拌匀。

4.蒸锅上火烧开，放入蒸碗，用中火蒸约10分钟，至食材熟透。

5.取出蒸碗，撒上葱花即成。

海参

『推荐烹调法』
拌、焯、炒

▶含钙量：
285毫克/100克
▶补钙原理：
海参含钙较高，且能补充儿童发育期所需的脑黄金（DHA），对儿童因缺钙引起的智力发育迟缓有很好的补益作用。

营养成分

海参含有8种人体必需氨基酸及钙、钒、钠、硒、镁、酸性多糖等营养元素。

营养功效

海参中含有的活性物质酸性多糖、多肽等，能大大提高机体免疫力，儿童常食能够增加其抗病能力。此外，海参还是典型的高蛋白、低脂肪食物，食用后不会增加脂肪含量，可预防儿童肥胖。

温馨提示

市面上的海参质量参差不齐，挑选干海参时不要挑选那些异常饱满、颜色鲜亮美观的，这可能是加工的过程中添加了大量白糖、胶质及明矾所致。辨别海参是否染色，可观察海参开口处及里面露出来的海参筋，若都是黑色，则可能被染色。

搭配宜忌

 ✔ 海参 + 豆腐 = 益智强身

 ✔ 海参 + 羊肉 = 养血润燥

 ✘ 海参 + 葡萄 = 影响蛋白质的吸收

 ✘ 海参 + 醋 = 导致营养流失

专家点评

海参含有蛋白质、海参素、钙、钾、锌、铁、硒、锰等营养成分，具有滋阴补肾、补血润燥等功效，对维持血钙稳定、肌肉神经的正常兴奋有一定的作用。

菌菇烩海参

◑原料：

水发海参85克，鸡腿菇35克，西蓝花120克，蟹味菇30克，水发香菇40克，彩椒15克，姜片、葱段各少许，高汤120毫升

◑调料：

盐、鸡粉、白糖、胡椒粉、料酒、生抽、芝麻油、水淀粉、食用油各适量

◑做法：

1.将全部食材切好，西蓝花做焯水处理。
2.油锅中放姜、葱，爆香，倒鸡腿菇、蟹味菇、香菇，加料酒、高汤、生抽、盐、鸡粉、白糖，拌匀，倒入海参，焖煮至食材熟透。
3.倒彩椒丝，加胡椒粉、芝麻油、水淀粉，炒匀，盛出装盘，用焯熟的西蓝花围边即可。

专家点评

海参含有天然活性钙，是补钙佳品，且其中的角蛋白具有促进骨髓造血的功效，能改善小儿贫血的症状。搭配西蓝花食用，对增强机体抗病能力也十分有益。

鲍汁海参

◑原料：

水发海参420克，西蓝花400克，鲍鱼汁40毫升，高汤800毫升，葱条、姜片各少许

◑调料：

盐3克，白糖2克，老抽2毫升，料酒5毫升，水淀粉、食用油各适量

◑做法：

1.将海参切条形，西蓝花切小朵；开水锅中加1克盐、油，倒西蓝花，略煮后捞出。
2.沸水锅中再将海参汆煮好后捞出，待用。
3.用油起锅，放葱、姜，爆香，倒入海参，加入料酒、高汤、鲍鱼汁、白糖、2克盐、老抽，拌匀煮沸。
4.加水淀粉，炒至入味；将装有西蓝花的碗倒扣盘中，再用海参围边，淋上汤汁即成。

蟹

『推荐烹调法』
蒸、炒

▶含钙量：
231毫克/100克

▶补钙原理：
蟹的含钙量较高，并且有补骨添髓、养筋活血、利肢节的功效，对促进儿童骨骼生长、缓解儿童易疲劳的症状有食疗作用。

营养成分

蟹富含维生素A、维生素C、维生素B_1、维生素B_2、钙、磷、铁、谷氨酸、甘氨酸、组氨酸、精氨酸、烟碱酸等成分。

营养功效

蟹含有丰富的蛋白质及微量元素，对身体瘦弱的儿童有很好的滋补作用。中医认为，蟹肉还具有理胃消食、清热的食疗作用，贫血、积食、暑热的儿童可以适当食用。

温馨提示

蟹性寒，又是食腐动物，所以吃时必蘸姜末、醋汁来祛寒杀菌，不宜单独食用；且蟹的鳃、沙包、内脏含有大量细菌和毒素，食用时一定要去掉。此外，生螃蟹去壳时，先用开水烫3分钟，这样蟹肉很容易取下，且不浪费。

搭配宜忌

 ✔ 蟹 + 鸡蛋 = 补充蛋白质

 ✔ 蟹 + 醋 = 开胃消食

 ✔ 蟹 + 洋葱 = 滋阴清热

 ✘ 蟹 + 土豆 = 易形成结石

補鈣食譜

螃蟹炖豆腐

◐ 原料：

豆腐185克，螃蟹2只，姜片、葱段各少许

◐ 调料：

盐、鸡粉各2克，料酒4毫升，食用油适量

◐ 做法：

1.螃蟹切开，处理干净，再敲裂蟹钳；豆腐切开，改切方块，备用。

2.用油起锅，倒入姜片、葱段，爆香，放入螃蟹，炒匀，淋入料酒。

3.炒出香味，注入清水，大火略煮，待汤汁沸腾，放入豆腐块，拌匀。

4.用小火煮约15分钟，至食材熟透，加入盐、鸡粉，转大火煮至食材入味。

5.关火后盛出菜肴，装入盘中即成。

专家点评

螃蟹及豆腐的含钙量均较高，且螃蟹还有舒筋益气、理胃消食、通经络、清热等功效，对儿童因缺钙引起的腿软、抽筋、骨骼发育不良等症有食疗作用。

補鈣食譜

鲜味冬瓜花蟹汤

◐ 原料：

花蟹1只，冬瓜100克，姜片、葱花各少许

◐ 调料：

盐、鸡粉各2克，胡椒粉少许，料酒5毫升，食用油适量

◐ 做法：

1.花蟹去除内脏，切小块；去皮冬瓜切片。

2.用油起锅，放入姜片，爆香，倒入冬瓜片，炒匀。

3.倒入花蟹，再淋入料酒，炒香炒透，注入适量清水，搅拌几下。

4.中火煮约5分钟至熟透，加盐、鸡粉、胡椒粉，拌匀调味，续煮片刻。

5.关火后盛出装碗，撒上葱花即成。

专家点评

冬瓜有清热解毒、利水消痰、祛湿解暑之功效；花蟹可补骨填髓、养筋活血、清热解毒，对儿童有强筋健骨的作用，且可防治儿童风热感冒、咳嗽等症。

海蜇

『推荐烹调法』
炒、拌

▶含钙量：
150毫克/100克

▶补钙原理：
海蜇的钙含量较高，且具有消积润肠之效，儿童适量食用，对防治因缺钙引起的小儿疳积、食欲不振有益，且能促进幼儿骨骼及牙齿发育。

营养成分

海蜇含蛋白质、糖类、钙、碘以及维生素B_1、维生素B_2和烟酸、钙、磷、铁、碘、胆碱等成分。

营养功效

海蜇是营养极为丰富的食物，其蛋白质含量高、脂肪含量少、热量低，可预防儿童肥胖；其含碘量也十分丰富，对预防甲状腺肿大有益。此外，海蜇有清热解毒、化痰消肿的功效，对儿童常见的发热、咳嗽等症有缓解作用。

温馨提示

挑选海蜇的时候，应该选颜色呈白色或浅黄色，有光泽，自然圆形，片大平整，无红衣、杂色、黑斑，肉质厚实均匀且有韧性的。新鲜的海蜇有毒，必须用食盐、明矾腌制，浸渍去毒，滤去水分，然后再烹调。

搭配宜忌

 ✔ 海蜇 + 木耳 = 润肠、美白

 ✔ 海蜇 + 冬瓜 = 清热、润肠

 ✔ 海蜇 + 马蹄 = 止咳润燥

 ✘ 海蜇 + 柿子 = 导致腹胀

专家点评

　　白萝卜具有开胃消食、增强免疫力、清热排毒等功效，搭配海蜇食用，不仅能补充儿童成长所需钙质，而且对小儿肺热咳嗽有一定的缓解作用。

蒜泥海蜇萝卜丝

◗ 原料：

白萝卜300克，海蜇170克，彩椒、蒜泥、葱花各少许

◗ 调料：

盐2克，鸡粉3克，生抽3毫升，芝麻油适量

◗ 做法：

1.将白萝卜、海蜇、彩椒分别切细丝。

2.开水锅中倒白萝卜，略煮后捞出；沸水锅中再倒入海蜇，煮至其熟软，捞出。

3.将萝卜丝装碗，加盐、1克鸡粉、芝麻油、蒜泥、葱花，拌匀。

4.另取一碗，倒海蜇、彩椒、蒜泥、葱花、生抽、2克鸡粉、芝麻油，拌匀。

5.取盘，摆上萝卜丝，再放入海蜇丝即成。

专家点评

　　苦瓜中的苦瓜苷和苦味素能增进食欲、健脾胃，搭配芝麻及海蜇一起食用，对因缺钙而引起的儿童厌食、偏食等症有益，且清热消暑的功效也特别明显。

芝麻苦瓜拌海蜇

◗ 原料：

苦瓜200克，海蜇丝100克，彩椒40克，熟白芝麻10克

◗ 调料：

鸡粉2克，白糖3克，盐少许，陈醋5毫升，芝麻油2毫升，食用油适量

◗ 做法：

1.苦瓜去子，切成条；彩椒切成条。

2.开水锅中倒入海蜇，放入食用油，略煮片刻，放入苦瓜、彩椒，煮至断生，捞出。

3.把焯好的食材装入碗中，放盐、鸡粉、白糖、陈醋、芝麻油，拌匀调味。

4.将拌好的食材装入盘中，再撒上白芝麻即成。

蛤蜊

『推荐烹调法』
蒸、煮、炒

▶含钙量：
133毫克/100克

▶补钙原理：
蛤蜊是儿童获取钙元素的优质来源，且属于低热能、高蛋白、少脂肪的食物，不仅能够促进钙质吸收，帮助幼儿长高，而且还能预防肥胖。

营养成分

蛤蜊富含蛋白质、脂肪、糖类、碘、钙、磷、铁及多种维生素；蛤壳中含有碳酸钙、磷酸钙、溴盐等成分。

营养功效

蛤蜊的维生素B$_{12}$及铁的含量颇为丰富，是良好的造血原料，儿童常食可防止贫血；蛤蜊还有滋阴润燥、软坚散结的作用，可帮助儿童清除体内多余的废物，促进排便，帮助消化。

温馨提示

选购蛤蜊时，检查一下蛤蜊的壳，若壳开口紧闭则宜，否则有可能是死蛤蜊。此外，由于蛤蜊本身极富鲜味，所以烹制时可不加味精，也不宜多放盐，以免其鲜味反失。蛤蜊最好提前一天用水浸泡才能吐干净泥土。

搭配宜忌

 ✔ 蛤蜊 + 槐花 = 治鼻出血、牙龈出血

 ✔ 蛤蜊 + 韭菜 = 补肾降糖

 ✘ 蛤蜊 + 橙 = 影响维生素C的吸收

 ✘ 蛤蜊 + 田螺 = 腹胀

补钙食谱

专家点评

　　海带含有蛋白质、碘、钾、钙、镁、硒等营养成分，有软坚、清热的功效；搭配豆腐及蛤蜊食用，增高助长的功效更加明显，且能预防小儿便秘、咳嗽等症。

蛤蜊豆腐炖海带

● 原料：

蛤蜊300克，豆腐200克，水发海带100克，姜片、蒜末、葱花各少许

● 调料：

盐3克，鸡粉2克，料酒、生抽各4毫升，水淀粉、芝麻油、食用油各适量

● 做法：

1.豆腐切小方块，海带切小块；开水锅中加1克盐，放海带、豆腐块，略煮片刻，捞出。

2.用油起锅，放入蒜末、姜片，爆香，倒入焯好的食材，炒匀，放料酒、生抽、水，炒匀提味，煮至沸，倒入洗净的蛤蜊，炖煮至熟。

3.加2克盐、鸡粉、水淀粉、芝麻油，炒匀炒香，关火后盛出装盘，撒上葱花即成。

补钙食谱

专家点评

　　毛豆中的卵磷脂，对改善大脑记忆力、促进大脑发育有益；毛豆中的钾含量很高，可补充因缺钙而多汗、盗汗流失的钾元素，缓解疲乏无力和食欲下降等症。

蛤蜊炒毛豆

● 原料：

蛤蜊肉、毛豆各80克，水发木耳40克，彩椒50克，蒜末、葱段各少许

● 调料：

盐、鸡粉各2克，料酒6毫升，水淀粉4毫升，食用油适量

● 做法：

1.木耳、彩椒切成小块；锅中注水烧开，放入1克盐、食用油，放入毛豆，略煮。

2.倒入木耳、彩椒，煮1分钟，捞出。

3.用油起锅，倒入蒜末、葱段，放入蛤蜊肉，炒匀，倒入焯好的食材，炒匀。

4.加料酒、1克盐、鸡粉、水淀粉，炒匀调味，关火后盛出，装入盘中即成。

生鱼

『推荐烹调法』
蒸、煮

▶含钙量：
152毫克/100克

▶补钙原理：
生鱼的含钙量较高，且鱼肉鲜美、细嫩、刺少，幼儿期与换牙期的孩子食用，不仅易咀嚼，还能促进牙齿生长，防止龋齿。

营养成分

生鱼含蛋白质、脂肪、钙、磷、铁及维生素B_1、维生素B_2、烟酸等。

营养功效

生鱼有祛风治疳、利水消肿之效，对小儿疳积有辅助食疗的作用。此外，生鱼肉营养丰富，有补心养阴、健脾益气、补血活血的功效，对身体虚弱、营养不良的儿童有益，还能防止儿童贫血。

温馨提示

野生生鱼的营养价值较家养的高，在购买的时候，可以从生鱼的精神状态来判断，家养的生鱼反应迟钝，野生的则相反。此外，一般人群均可食用生鱼，但有疮的儿童不可食用。

搭配宜忌

 ✔ 生鱼 + 豆腐 = 提升钙的吸收率

 ✔ 生鱼 + 冬瓜 = 清热祛风

 ✘ 生鱼 + 牛奶 = 引起中毒

 ✘ 生鱼 + 茄子 = 有损肠胃

补钙食谱

专家点评

生鱼含有维生素、钙、磷、铁等营养成分，有补脾益气、清热解毒等功效；西洋菜有清燥润肺、化痰止咳的功效，对增强儿童抗病能力、促进其骨骼生长有益。

西洋菜/生鱼鲜汤

◆原料：

西洋菜40克，瘦肉块50克，生鱼300克，胡萝卜块、蜜枣、杏仁、陈皮、姜片、高汤各适量

◆调料：

盐2克，食用油适量

◆做法：

1.锅中注水烧开，倒入瘦肉块，余煮片刻后捞出，过冷水，备用。

2.用油起锅，放姜片，爆香，放入生鱼，煎出香味，倒入高汤，煮至沸后盛出生鱼，装入鱼袋，扎好，锅中留汤汁备用。

3.砂锅中注入高汤，盛入汤汁，放入生鱼袋，加瘦肉、胡萝卜、蜜枣、陈皮、杏仁、西洋菜，搅匀，煮至食材熟软，加盐调味。

4.捞出鱼，盛出煮好的汤料，装碗即成。

补钙食谱

专家点评

生鱼和上海青的含钙量都十分丰富，能够预防骨骺线提早闭合，对增高助长十分有益；生鱼肉含有蛋白质、维生素和微量元素，对提高幼儿免疫力有作用。

碧绿/生鱼卷

◆原料：

火腿45克，胡萝卜40克，水发香菇30克，生鱼肉180克，上海青100克，胡萝卜片、红椒片、姜、葱各少许

◆调料：

盐、鸡粉、料酒、生粉、水淀粉、食用油各适量

◆做法：

1.胡萝卜、火腿、香菇切丝，上海青对半切开；生鱼切片，加盐、鸡粉、生粉，腌至入味。

2.热水锅中将胡萝卜丝、香菇丝略煮后捞出；开水锅中分别将胡萝卜片、上海青焯好后捞出。

3.将生鱼片、火腿丝、胡萝卜丝、香菇丝制成生鱼卷生坯，放入热油锅中炸熟后捞出。

4.锅底留油，放胡萝卜片、红椒片、姜、葱，加料酒、水、盐、鸡粉、水淀粉，制成稠汁；将鱼卷裹上稠汁，盛入摆放好上海青的盘中即成。

鲫鱼

『推荐烹调法』
煮、蒸

▶含钙量：
79毫克/100克

▶补钙原理：
缺钙易造成儿童偏食、厌食，而鲫鱼是家常餐桌上十分常见的高钙食物，并且具有健脾、开胃之效，儿童常食，可防止缺钙。

营养成分

鲫鱼富含蛋白质、脂肪、维生素A、维生素B$_1$、维生素B$_2$、维生素B$_{12}$、烟酸、卵磷脂、多糖及钙、铁、锌、磷等矿物质。

营养功效

鲫鱼肉是优质蛋白质的重要来源，而且易被人体吸收，能促进儿童智力发育。此外，鲫鱼还有补阴血、补体虚、益气健脾、清热解毒的功效，体虚瘦弱、发育迟缓、肠胃不佳的儿童可常食。

温馨提示

新鲜鲫鱼剖开洗净后，要将肚子内壁的一层黑色薄皮刮干净，然后放在牛奶中泡一会儿，能很大程度地去除腥味，增加其鲜味；煎鱼时，先要在鱼身上抹一些干淀粉，这样既可以使鱼身保持完整，又可以防止鱼被煎糊。

搭配宜忌

 ✔ 鲫鱼 + 豆腐 = 清心润肺

 ✔ 鲫鱼 + 花生 = 有利于吸收营养

 ✔ 鲫鱼 + 木耳 = 补充核酸、抗老化

 ✘ 鲫鱼 + 山药 = 腹痛、恶心、呕吐

补钙食谱

薏米冬瓜鲫鱼汤

◐ 原料：

鲫鱼块350克，冬瓜170克，水发薏米、姜片各适量

◐ 调料：

盐、鸡粉各2克，食用油适量

◐ 做法：

1.冬瓜切块；煎锅烧热，淋入食用油。

2.放入鲫鱼块，煎至两面金黄，关火后盛出煎好的鲫鱼，装入纱袋，系紧。

3.砂锅中注入适量清水烧开，倒入备好的薏米、姜片，放入鱼袋，倒入冬瓜块。

4.烧开后用小火煮约30分钟至食材熟透，加入盐、鸡粉，拌匀调味。

5.拣出鱼袋，盛出煮好的汤料即成。

专家点评

　　鲫鱼含有B族维生素、钙、磷、铁等，具有增强免疫力、和中补虚、健脾养胃等功效，搭配薏米、冬瓜食用，对小儿龋齿、湿疹、便秘等症有改善作用。

补钙食谱

鲫鱼红豆汤

◐ 原料：

鲫鱼400克，水发红豆100克，姜片、葱花各少许

◐ 调料：

盐2克，料酒8毫升，食用油适量

◐ 做法：

1.将鲫鱼两面切上一字花刀，备用。

2.用油起锅，放入鲫鱼，煎出焦香味。

3.将鱼翻面，煎至焦黄色，加入料酒、适量清水，放入姜片，倒入红豆。

4.用小火煮20分钟，至鲫鱼熟透，加入盐，略煮片刻。

5.盛出煮好的汤料，装入汤碗中，撒上葱花即成。

专家点评

　　鲫鱼含有烟酸、维生素B₁及钙、钾、镁、锌等营养物质，其钾含量较高，能够补充儿童因缺钙而引起盗汗、多汗流失的钾，缓解小儿疲乏无力、食欲不振等症。

鲢鱼

『推荐烹调法』
蒸、煮

▶含钙量：
53毫克/100克

▶补钙原理：
鲢鱼具有健脾补气、温中暖胃的功效，且其中含有的钙易被吸收利用，可防止儿童因缺钙引起的厌食、偏食，促进幼儿健康成长。

营养成分

鲢鱼富含蛋白质、脂肪、烟酸、钙、磷、铁、糖类、维生素A、维生素B$_1$、维生素B$_2$等。

营养功效

鲢鱼肉中富含蛋白质、不饱和脂肪酸等营养物质，多吃不但有利于儿童的智力发育，而且对脾胃虚弱、腹泻等症也有缓解作用。除此之外，鲢鱼还能提供丰富的胶质蛋白，可防治秋冬季节儿童皮肤干燥、易脱皮的现象，能保持儿童皮肤细嫩光滑。

温馨提示

在烹制鲢鱼头时，可先将鱼头洗净后放入淡盐水中泡一小会儿，以去除土腥味，或者将姜、蒜拍碎，抹在鱼头上，腌渍几分钟，能使其味道更加鲜美。此外，一定要将鲢鱼头煮熟、煮透方可食用，以确保食用安全。

搭配宜忌

 ✔鲢鱼 + 苹果 = 治疗腹泻

 ✔鲢鱼 + 萝卜 = 利水消肿

 ✔鲢鱼 + 红豆= 利水渗湿

 ✘鲢鱼 + 西红柿 = 不利营养的吸收

专家点评

　　鲢鱼搭配豆腐，其中的钙质更容易被人体吸收，对防治儿童缺钙十分有益；且鲢鱼具有补中益气、生津止渴的功效，可防治小儿内热伤津引起的大便秘结等。

鲢鱼头炖豆腐

◑原料：

鲢鱼头270克，豆腐200克，香菜、姜片、葱段各少许

◑调料：

盐、鸡粉、胡椒粉、料酒、食用油各适量

◑做法：

1.豆腐切小方块，香菜切段。

2.煎锅置火上，注油烧热，放入鲢鱼头，煎出香味，翻转鱼头，煎至两面断生。

3.放入姜片、葱段，炒香，关火后将鱼头盛入砂锅中，注入适量温开水。

4.放豆腐、香菜、盐、料酒，烧开后转小火炖约20分钟，加鸡粉、胡椒粉调味。

5.关火后盛出煮好的食材，撒上香菜叶即成。

专家点评

　　鲢鱼含有蛋白质、维生素A、钙、镁、钾、磷等营养成分，具有利水祛湿、开胃消食、增强免疫力等功效，对小儿缺钙引起的厌食等有改善作用。

青木瓜煲鲢鱼

◑原料：

鲢鱼450克，木瓜160克，红枣15克，姜片、葱段各少许

◑调料：

盐、料酒、橄榄油各适量

◑做法：

1.去皮木瓜切小块，鲢鱼切成块。

2.鱼块中加盐、料酒，腌至入味。

3.锅置火上，淋入橄榄油烧热，放入鱼块，煎出香味，翻转鱼块，煎至两面断生，撒上姜片、葱段，炒香。

4.关火后将材料盛入砂锅中，加水、木瓜、红枣，烧开后用小火煮约10分钟。

5.加盐、料酒，拌匀，续煮片刻即成。

木耳

『推荐烹调法』
炒、拌

▶含钙量：
247毫克/100克（干木耳）

▶补钙原理：
木耳是含钙很高的菌菇类食物，有"素中之荤"的美称，且还含有一定量的构成骨骼的重要元素——磷，常食对儿童有强壮骨骼、增高助长的功效。

营养成分

木耳含蛋白质、脂肪、多糖、钙、磷、铁、胡萝卜素、维生素B_1、维生素B_2、烟酸、磷脂、固醇等营养素。

营养功效

木耳中的胶质可把残留在人体消化系统内的灰尘、杂质吸附集中起来排出体外，从而起到清胃涤肠的作用，可保护儿童的胃肠道。此外，木耳中含有的维生素、氨基酸、卵磷脂、脑磷脂等，不仅能补充身体所需的多种营养素，还能促进幼儿大脑发育，提高记忆力。

温馨提示

清洗木耳的时候，可以使用盐水冲洗，但绝对不要将其放在水中浸泡过长时间，否则木耳内的维生素会悉数流失，使营养价值降低，而且会使溶解于水的农药反渗入木耳中。

搭配宜忌

 ✔ 木耳 + 红枣 = 补血

 ✔ 木耳 + 卷心菜 = 健胃、补脑、强身

 ✔ 木耳 + 荸荠 = 补气强身

 ✘ 木耳 + 田螺 = 不利于消化

白菜木耳炒肉丝

◗ 原料：

白菜80克，水发木耳60克，猪瘦肉100克，红椒10克，姜片、蒜末、葱段各少许

◗ 调料：

盐、鸡粉、白糖、生抽、料酒、水淀粉、食用油各适量

◗ 做法：

1. 白菜切粗丝，木耳切小块，红椒切条。
2. 猪瘦肉切细丝，装入碗中，加入盐、生抽、料酒、水淀粉，腌渍10分钟。
3. 用油起锅，倒入肉丝，炒匀，放入姜、蒜、葱，炒香，倒入红椒、料酒、木耳、白菜，炒至变软。
4. 加入白糖、鸡粉、水淀粉，翻炒至食材入味，关火后盛出炒好的菜肴即成。

专家点评

　　木耳含有多糖、维生素B_1、钙、磷、铁等营养成分，有补钙、补铁之效，且白菜含钙量十分丰富，故此道膳食对儿童有益气强身、健骨、活血补血等功效。

木耳粥

◗ 原料：

水发大米160克，水发木耳65克，猪瘦肉50克

◗ 调料：

盐3克，料酒4毫升，水淀粉适量

◗ 做法：

1. 猪瘦肉切成片，装入碗中，加入1克盐、料酒、水淀粉，搅拌均匀，腌渍约15分钟至其入味，备用。
2. 砂锅中注入适量清水烧热，倒入洗好的大米，放入洗好的木耳，搅拌均匀。
3. 烧开后转小火煮至其熟软，倒入肉片，煮至肉片变色，加2克盐，拌匀调味。
4. 关火后盛出煮好的食材，装碗即成。

专家点评

　　木耳中不仅含钙量丰富，且含铁量也十分丰富，可防治缺铁性贫血；且木耳中的维生素K及胶质还具有清肠涤胃之效，能防治小儿便秘。

黑芝麻

『推荐烹调法』
煮、炒

▶含钙量：
780毫克/100克

▶补钙原理：
黑芝麻的钙含量远高于牛奶及鸡蛋，是儿童的补钙佳品；且黑芝麻还具有乌发润发的功效，儿童头发稀少、枯黄者可多食。

营养成分

黑芝麻中含有膳食纤维、维生素A、维生素E、维生素B₁、维生素B₂、烟酸、维生素E、卵磷脂、钙、铁、镁、亚油酸、黑色素等。

营养功效

黑芝麻含有丰富的不饱和脂肪酸、维生素E、芝麻素及黑色素，有补肝肾、滋五脏、益精血、润肠燥的作用；其中的维生素E含量尤其丰富，有天然抗氧化的作用，对儿童秋天皮肤干燥、脱皮、易过敏的现象有改善作用。

温馨提示

购买黑芝麻的时候，可将其放在湿纸巾上揉搓，若不掉色，则为优质品。此外，看黑芝麻的断口颜色也可辨别优劣，断口部分为白色，则为优质芝麻。

搭配宜忌

 ✓ 黑芝麻 + 冰糖 = 润肺、生津

 ✓ 黑芝麻 + 核桃 = 改善睡眠

 ✓ 黑芝麻 + 桑葚 = 降血脂

 ✗ 黑芝麻 + 鸡腿 = 影响维生素的吸收

专家点评

黑芝麻营养十分丰富，而黑豆中含有的棉籽糖对腹泻、便秘有双向调节作用，故食用本品，可改善婴幼儿因缺钙引起的消化道疾病。

黑芝麻黑豆浆

◗原料：

黑芝麻30克，水发黑豆45克

◗做法：

1.取豆浆机，倒入洗好的芝麻、洗净的黑豆，注入适量清水，至水位线即止。

2.盖上豆浆机机头，选择"五谷"程序，再选择"开始"键，开始打浆。

3.待豆浆机运转约15分钟，即成豆浆。

4.将豆浆机断电，取下机头，把煮好的豆浆倒入滤网，滤取豆浆。

5.将滤好的豆浆倒入碗中，撇去浮沫即成。

专家点评

黑芝麻与桑葚都有乌发润发的功效，且黑芝麻还是含钙高的食物，故此道膳食对因小儿缺钙引起的头发稀少、枯黄有很好的辅助食疗作用。

桑葚黑芝麻糊

◗原料：

桑葚干7克，水发大米100克，黑芝麻40克

◗调料：

白糖20克

◗做法：

1.取榨汁机，选择干磨刀座组合，将黑芝麻倒入磨杯中，磨成粉。

2.选择搅拌刀座组合，倒入大米、桑葚干，加入适量清水，选择"榨汁"功能，即榨成汁，倒入黑芝麻粉，搅拌均匀。

3.将混合好的米浆倒入砂锅中，拌匀，加白糖，搅匀。

4.继续搅拌一会儿，至煮成糊状，关火后盛出煮好的芝麻糊，装入碗中即成。

榛子

『推荐烹调法』
炒、煮

▶含钙量：
104毫克/100克

▶补钙原理：
榛子有补脾胃、益气血之效，且含钙较高，对儿童因缺钙引起夜间盗汗、多汗及食欲不振的现象有改善作用，还可防治小儿佝偻病。

营养成分

榛子含有蛋白质、脂肪、糖类、胡萝卜素、维生素B_1、维生素B_2、维生素E及钙、磷、铁等营养元素。

营养功效

榛子含有的多种不饱和脂肪酸在进入人体后可生成被称之为脑黄金的DHA，有提高记忆力、判断力，促进儿童智力发育的功效。此外，榛子中含有的锰元素，对儿童的骨骼、皮肤、肌腱、韧带等组织均有补益强健作用。

温馨提示

存放时间较长的榛子不宜食用；外表光泽好的大都经过硫黄熏制，食用时舌头会有麻木感，此类榛子应弃食；应食用个头大，果实饱满，壳薄、无木质毛绒的优质榛子。榛子含油脂过多，肥胖的儿童应少食。

搭配宜忌

 ✔榛子 + 猪肝 = 有利于钙的吸收

 ✔榛子 + 藕粉 = 补虚养身

 ✔榛子 + 莲子 = 防癌抗癌

 ✘榛子 + 绿豆 = 导致腹泻

杏仁榛子豆浆

◑原料：

榛子4克，杏仁5克，水发黄豆40克

◑做法：

1.将浸泡8小时的黄豆倒入碗中，注水洗净，倒入滤网，沥干水分。

2.取豆浆机，倒入榛子、杏仁、黄豆，注入适量清水，至水位线即止。

3.盖上豆浆机机头，选择"五谷"程序，再选择"开始"键，开始打浆。

4.待豆浆机运转约15分钟，即成豆浆。

5.将豆浆机断电，取下机头，把煮好的豆浆倒入滤网，滤取豆浆。

6.将滤好的豆浆倒入杯中即成。

专家点评

杏仁及榛子是营养丰富的坚果类食物，其中的不饱和脂肪酸能够促进儿童大脑发育；其丰富的钙质可参与体内钙浓度平衡，预防儿童骨骼线提前闭合。

榛子小米粥

◑原料：

榛子45克，水发小米100克，水发大米150克

◑做法：

1.将榛子放入杵臼中，研磨成碎末。

2.将研碎的榛子末倒入小碟子中，备用。

3.砂锅中注入适量清水烧开。

4.倒入洗净的大米，放入洗好的小米，搅拌均匀。

5.用小火煮约40分钟，至米粒全部熟透，搅拌片刻。

6.关火后盛出煮好的粥，装入碗中，放入榛子碎末即成。

专家点评

小米具有益丹田、利肠胃、补虚损的功效，与含钙量高的坚果类食物——榛子煮粥同食，不仅为骨骼发育添砖加瓦，还可促进儿童大脑发育。

杏仁

『推荐烹调法』
煮、炒

▶含钙量：
97毫克/100克

▶补钙原理：
杏仁中的含钙量较高，且不含淀粉，不会增加食用者的脂肪含量，故特别适合既需要补钙、增高，又要减肥的肥胖儿童食用。

营养成分

杏仁含有蛋白质、脂肪、膳食纤维、钙、铁、磷、钾、镁、锌、烟酸、维生素B_2等。

营养功效

杏仁入肺经，有润肺平喘、生津止渴的作用，对小儿常见的肺热咳嗽有食疗作用。此外，杏仁含有的油脂，质地滑润，有润肠通便的作用，可预防小儿便秘。杏仁还含有丰富的黄酮类和多酚类成分，对增强机体抵抗力十分有益。

温馨提示

杏仁烹调的方法很多，可以用来做粥、饼、面包等多种类型的食品，还能搭配其他佐料制成美味菜肴。虽然杏仁有许多的药用和食用价值，但不可以大量食用，且生杏仁有毒，食用前还需先在水中浸泡多次，并加工至熟，以免对身体不利。

搭配宜忌

 ✔ 杏仁 + 茼蒿 = 通便利肠

 ✔ 杏仁 + 西芹 = 控制血糖

 ✘ 杏仁 + 栗子 = 引起胃痛

 ✘ 杏仁 + 猪肺 = 影响蛋白质的吸收

补钙食谱

专家点评

　　茼蒿具有调胃健脾、降压补脑等效用，与杏仁同食，对咳嗽痰多、脾胃不和、记忆力减退、习惯性便秘、缺钙的小儿有较好的食疗功效。

杏仁拌茼蒿

◑原料：

茼蒿200克，芹菜70克，香菜20克，杏仁30克，蒜末少许

◑调料：

盐3克，陈醋8毫升，白糖5克，芝麻油2毫升，食用油适量

◑做法：

1.茼蒿、芹菜、香菜分别切段；开水锅中加1克盐、油，放入杏仁，煮至断生后捞出。

2.沸水锅中再放芹菜、茼蒿，略煮片刻，捞出，沥干后装入碗中，待用。

3.碗中放入香菜、蒜末，加2克盐、陈醋、白糖、芝麻油，拌匀。

4.盛出食材，装入盘中，放上杏仁即成。

补钙食谱

专家点评

　　杏仁具有止咳平喘、润肠通便等功效，搭配圣女果、荷兰豆等同食，可辅助治疗儿童因缺钙引起的腹泻、便秘、咳嗽等疾病。

大杏仁蔬菜沙拉

◑原料：

巴旦木仁30克，荷兰豆90克，圣女果100克

◑调料：

盐3克，橄榄油适量，沙拉酱15克

◑做法：

1.洗净的圣女果对半切开，洗好的荷兰豆切成段。

2.锅中注入适量清水烧开，放入1克盐、橄榄油，倒入荷兰豆，煮至熟后捞出。

3.将切好的圣女果放入碗中，加入荷兰豆，放入2克盐、橄榄油，搅拌匀。

4.加入沙拉酱，拌匀，倒入巴旦木仁，搅拌均匀。

5.盛出拌好的沙拉，装入碗中即成。

莲子

『推荐烹调法』
煮

▶含钙量：
97毫克/100克（干莲子）
▶补钙原理：
莲子中的钙含量较多，且具有养心安神的功效，对儿童因缺钙引起的夜间失眠、惊厥、发育迟缓都有改善作用，可辅助儿童健康成长。

营养成分

莲子含糖类、蛋白质、钙、磷、铁、油酸、亚油酸、亚麻酸、乌胺、荷叶碱等。

营养功效

莲子具有清心醒脾、益胃补肾、健脾止泻等作用，儿童常食，可以起到健脑、增强记忆力的功效，对提高儿童的学习效率十分有益。此外，莲子中所含的棉籽糖，对防治儿童腹泻和便秘有双向调节作用，可改善胃肠道功能。

温馨提示

挑选莲子时应以饱满圆润、粒大洁白、芳香味甜、无霉变虫蛀者为佳；且莲子经水蒸会发生膨胀，散发出一种清香，而添加了化学制剂的莲子几乎不膨胀，还会有一种碱味。

搭配宜忌

 ✔ 莲子 + 红枣 = 增进食欲

 ✔ 莲子 + 银耳 = 滋补健身

 ✔ 莲子 + 百合 = 清心安神

 ✘ 莲子 + 猪肚 = 引起中毒

荷叶莲子枸杞粥

补钙食谱

专家点评

枸杞性平、味甘，具有养肝、滋肾、润肺的功效，与荷叶、莲子同食，不仅能维持缺钙小儿体内酸碱平衡，还有维持肌肉的伸缩性和心跳的节律等作用。

◑原料：

水发大米150克，水发莲子90克，冰糖40克，枸杞12克，干荷叶10克

◑做法：

1.砂锅中注入适量清水烧开，放入洗净的干荷叶。

2.烧开后转小火煮约10分钟，至散出香味，捞出荷叶，再倒入大米、莲子。

3.放入枸杞，搅匀，煮沸后用小火煮约30分钟，至米粒熟软。

4.加入冰糖，搅拌匀，用大火续煮一会儿，至糖分溶化。

5.关火后盛出煮好的枸杞粥，装入汤碗中即成。

莲子花生豆浆

补钙食谱

专家点评

花生果实中的卵磷脂和脑磷脂，是维持神经系统功能所需要的重要物质，能延缓脑功能衰退；搭配莲子同食，具有促进小儿脑细胞发育、增强记忆力的作用。

◑原料：

水发莲子80克，水发花生75克，水发黄豆120克

◑调料：

白糖20克

◑做法：

1.取榨汁机，选择搅拌刀座组合，倒入黄豆，加矿泉水，榨取黄豆汁；把榨好的黄豆汁盛出，滤入碗中。

2.再把花生、莲子装入搅拌杯中，加矿泉水，榨成汁，装入碗中，待用。

3.将榨好的汁倒入砂锅中，煮至沸，放入白糖，煮至白糖溶化。

4.关火后将煮好的豆浆盛出，装入备好的碗中即成。

山楂

『推荐烹调法』
煮

▶含钙量：
144毫克/100克（干山楂）
▶补钙原理：
山楂的含钙量较高，儿童常食能增强食欲、改善睡眠，保持骨骼和血液中钙的恒定，对促进儿童生长发育极为有益。

营养成分

山楂中含有糖类、膳食纤维、钙、铁、钾、胡萝卜素、维生素C、黄酮类化合物、柠檬酸、绿原酸、槲皮素等。

营养功效

山楂有开胃消食的作用，对儿童喜食肉食造成的肉食积滞有很好的促消化作用。此外，山楂中所含的黄酮类化合物和维生素C、胡萝卜素等物质，能阻断并减少自由基生成，增强儿童的身体免疫力。

温馨提示

山楂味酸，处在换牙期的儿童不宜多食山楂及山楂制品，否则会损伤牙齿，对换牙期儿童牙齿的生长发育造成不利影响。此外，过量食用山楂会使儿童的血糖处于略高的水平，没有饥饿感，影响其食欲。

搭配宜忌

 ✓ 山楂 + 西芹 = 消食、通便

 ✓ 山楂 + 枸杞 = 补肝益肾

 ✗ 山楂 + 海参 = 呕吐、腹泻

 ✗ 山楂 + 黄瓜 = 降低营养价值

补钙食谱

专家点评

　　猪肝富含维生素A，对维护儿童眼睛健康有一定的益处，另外，猪肝含有较多的铁、卵磷脂，搭配芝麻、山楂同食，有利于儿童的智力和身体发育。

芝麻猪肝山楂粥

◑原料：

猪肝150克，水发大米120克，山楂100克，水发花生米90克，白芝麻15克，葱花少许

◑调料：

盐、鸡粉各2克，水淀粉、食用油各适量

◑做法：

1.山楂去果核，切小块；猪肝切成薄片。

2.往猪肝中放1克盐、1克鸡粉、水淀粉，拌匀上浆，注入适量食用油，腌至入味。

3.砂锅中注水烧开，倒入大米、花生米，搅散，煮沸后转小火煮30分钟，放入山楂、白芝麻，续煮片刻，放猪肝，煮至猪肝变色。

4.加1克盐、1克鸡粉，拌匀，续煮至米粥入味，盛出装碗，撒上葱花即成。

补钙食谱

专家点评

　　排骨中含有的骨粘连蛋白、磷酸钙，是构成骨骼的主要元素，对促进骨骼生长发育十分有益；木耳能清除人体消化系统内的灰尘、杂质，可保护儿童的肠胃道。

木耳山楂排骨粥

◑原料：

水发木耳40克，排骨300克，山楂90克，水发大米150克，水发黄花菜80克，葱花少许

◑调料：

料酒8毫升，盐、鸡粉各2克，胡椒粉少许

◑做法：

1.木耳切小块；山楂去核，切小块。

2.砂锅中注水烧开，倒入大米、排骨，拌匀，淋入料酒，搅拌，煮至沸腾。

3.倒入切好的木耳、山楂、黄花菜，拌匀，用小火煮30分钟，至食材熟透，放入盐、鸡粉、胡椒粉，拌匀调味。

4.关火后盛出装碗，撒上葱花即成。

柠檬

『推荐烹调法』
榨汁

▶含钙量：
101毫克/100克

▶补钙原理：
柠檬是含钙量较多的水果之一，且具有生津解暑、开胃醒脾的功效，因缺钙而食欲不振、发育不良的儿童可经常食用。

营养成分

柠檬含维生素C、钙、磷、铁、维生素B_1、维生素B_2、烟酸、柠檬酸、苹果酸、橙皮苷、柚皮苷等。

营养功效

柠檬富有香气，能祛除肉类、水产的腥膻之气，并能使肉质更加细嫩，让儿童胃口大开。此外，柠檬还能促进胃中蛋白分解酶的分泌，增加胃肠蠕动，帮助消化，可缓解小儿积食；柠檬中的维生素C能维持人体各种组织和细胞间质的生成，并保持它们正常的生理功能，增强儿童的抗病能力。

温馨提示

柠檬太酸，不可生食，每次切开后未食用完的柠檬，可将其切成薄片，浸泡在蜂蜜中或放入白糖、冰糖中，以后再拿出来泡水喝。但是，这两种方法都要防止混入水，否则有可能会腐烂。

搭配宜忌

 ✅ 柠檬 + 马蹄 = 生津止渴

 ✅ 柠檬 + 蜂蜜 = 清热解毒

 ✅ 柠檬 + 鸡肉 = 增加食欲

 ❌ 柠檬 + 山楂 = 影响消化

补钙食谱

酸甜柠檬红薯

原料：

红薯200克，柠檬汁40毫升

调料：

白糖5克，食用油适量

做法：

1.将洗净去皮的红薯切滚刀块，备用。

2.用油起锅，加入白糖，炒匀，用小火炒至白糖溶化，呈暗红色。

3.注入适量清水，拌匀，用大火煮沸。

4.倒入红薯，搅拌均匀，烧开后用小火煮30分钟。

5.倒入柠檬汁，拌匀，用大火略煮。

6.关火后盛出煮好的汤水即成。

专家点评

红薯含有膳食纤维、胡萝卜素、钾、铁、铜、硒、钙等营养成分，与柠檬搭配食用，具有刺激小儿肠道蠕动、促进消化液的分泌、缓解便秘等功效。

补钙食谱

葡萄干柠檬豆浆

原料：

水发黄豆50克，葡萄干25克，柠檬片20克

做法：

1.将已浸泡8小时的黄豆倒入豆浆机中，放入备好的葡萄干、柠檬片。

2.注入适量清水，至水位线即止。

3.盖上豆浆机机头，选择"五谷"程序，开始打浆。

4.待豆浆机运转约15分钟，即成豆浆。

5.将豆浆机断电，取下机头，把煮好的豆浆倒入滤网中，滤取豆浆。

6.把滤好的豆浆倒入备好的杯中，用汤匙撇去浮沫即成。

专家点评

葡萄干含有蛋白质、葡萄糖、果糖、钙、钾、磷、铁等营养成分，与含钙的柠檬同食，能为小儿增加食欲，防治因厌食、挑食引起的消化不良等症。

金橘

『推荐烹调法』
鲜食

▶含钙量：
56毫克/100克

▶补钙原理：
儿童缺钙会影响食欲，而金橘含钙量较多，且有行气解郁、消食化痰的作用，常食能够缓解幼儿精神不振、消化不良、食欲不佳的现象。

营养成分

金橘含有膳食纤维、糖类、胡萝卜素、维生素B_1、维生素B_2、烟酸、维生素C、维生素E、钾、钠、钙、铁、磷、有机酸等。

营养功效

金橘有生津消食、化痰利咽的作用，可辅助治疗腹胀、咳嗽多痰、烦渴、咽喉肿痛等，常食还可增强机体的抗寒能力，对儿童症感冒、咳嗽等病症有缓解作用，并且还能增加儿童食欲，使其吃饭更香。

温馨提示

金橘最好的食用方法是洗净后直接嚼食，因为54℃以上的温度会破坏金橘中的维生素C，而且金橘皮的营养物质比金橘肉还要多，所以最好果皮和果肉一起吃。

搭配宜忌

 ✅ 金橘 + 生姜 = 治疗感冒

 ✅ 金橘 + 桂圆 = 治疗痢疾

 ❌ 金橘 + 牛奶 = 影响蛋白质的吸收

 ❌ 金橘 + 猪肝 = 破坏维生素

补钙食谱

专家点评

雪梨含有维生素、胡萝卜素等营养成分，具有生津润燥、清热化痰、养阴清热等功效，搭配枇杷、金橘同煮，对小儿感冒、咳嗽等病有很好的缓解作用。

金橘枇杷雪梨汤

原料：

雪梨75克，枇杷80克，金橘60克

做法：

1.将金橘洗净，切成小瓣。

2.洗好去皮的雪梨去核，再切成小块。

3.洗净的枇杷去核，切成小块，备用。

4.砂锅中注入适量清水烧开，倒入切好的雪梨、枇杷、金橘，搅拌匀。

5.盖上盖，烧开后用小火煮约15分钟。

6.揭盖，搅拌均匀，关火后盛出煮好的雪梨汤，装入碗中即成。

补钙食谱

专家点评

桂圆含有维生素C、维生素K、维生素B₁、铁、钙、磷、钾以及多种氨基酸，搭配金橘同食，能增强小儿记忆力、补钙、强身健体、消除疲劳。

金橘桂圆茶

原料：

金橘200克，桂圆肉25克

调料：

白糖20克

做法：

1.洗好的金橘对半切开，备用。

2.砂锅中注入适量清水烧开，倒入备好的桂圆肉、金橘。

3.盖上盖，用小火煮约20分钟至全部食材熟透。

4.揭开盖，放入白糖。

5.搅拌均匀，煮约半分钟至白糖溶化。

6.盛出煮好的茶水，装入碗中即成。

葡萄干

『推荐烹调法』
煮、熬

▶含钙量：
52毫克/100克

▶补钙原理：
葡萄干含钙量较多，它能够缓解儿童因缺钙出现的易疲劳、学习注意力不集中等现象，对辅助提高儿童学习效率十分有益。

营养成分

葡萄干含蛋白质、糖类、维生素C、胡萝卜素及钙、镁、铁、锰、钾、磷、钠、硒等矿物质。

营养功效

葡萄干含有纤维素和酒石酸，能让排泄物快速通过直肠排出，减少食物残渣在肠道中停留的时间，清除体内毒素，使儿童的胃肠道更加健康。而且，葡萄干中铁的含量十分丰富，可治疗贫血、血小板减少等，是体弱贫血儿童的滋补佳品。

温馨提示

优质葡萄干的颗粒之间有一定空隙，不会有黏团现象，手摸有干燥感，用手攥一下再放下，颗粒能迅速散开；如果颗粒表面有糖油，或手捏颗粒易破裂的，则质量较差。

搭配宜忌

 ✓ 葡萄干 + 蜂蜜 = 治疗感冒

 ✓ 葡萄干 + 山药 = 补虚养身

 ✓ 葡萄干 + 薏米 = 健脾利湿

 ✗ 葡萄干 + 虾 = 降低营养价值

补钙食谱

枸杞葡萄干豆浆

◖原料:

枸杞、葡萄干各15克,花生米25克,水发银耳40克,莲子20克

◖调料:

白糖适量

◖做法:

1.洗净的银耳切去根部,切成小块。

2.将银耳、花生米、葡萄干、莲子、枸杞倒入豆浆机中,注入适量清水。

3.盖上豆浆机,选择"五谷"程序开始打浆,待豆浆机运转约15分钟,即成豆浆。

4.把豆浆倒入滤网,滤取豆浆,倒入杯中,用汤匙撇去浮沫。

5.加入白糖,拌匀至白糖溶化即成。

专家点评

葡萄干与含枸杞多糖的枸杞搭配食用,可补肝肾、益气血、开胃生津,对小儿具有提高免疫力、抗肿瘤、清除自由基、抗疲劳、补钙、保肝等作用。

补钙食谱

葡萄干炒饭

◖原料:

火腿40克,洋葱20克,虾仁30克,米饭150克,葡萄干25克,鸡蛋1个,葱末少许

◖调料:

盐2克,食用油适量

◖做法:

1.鸡蛋打散、调匀,制成蛋液;洋葱、火腿切粒;虾仁去虾线,切成肉丁。

2.热锅中注入适量食用油,倒入蛋液,翻炒至熟后盛出,待用。

3.锅底留油,倒入洋葱粒、火腿粒,炒香,放入虾仁,快炒至虾仁呈淡红色。

4.加葡萄干、米饭,炒松散,倒入鸡蛋,使其分成小块,加盐调味,撒上葱末。

5.炒匀炒香,关火后盛出,装入盘中即成。

专家点评

洋葱富含蛋白质及矿物质、维生素等营养成分,搭配葡萄干,幼儿食用后可缓解缺钙引起的食欲不佳、偏食等,还可帮助抵御流感病毒和清除体内有害细菌。

奶酪

『推荐烹调法』
拌

▶含钙量：
799毫克/100克
▶补钙原理：
奶酪是含钙最多的奶制品，儿童适量食用可以增加牙齿表层的含钙量，对抑制龋齿发生、保护牙齿健康十分有益。

营养成分

奶酪含有优质蛋白质、有机酸、维生素A、胡萝卜素、烟酸、泛酸、生物素及钙、磷、钠、钾、镁等矿物元素。

营养功效

奶酪中的乳酸菌及其代谢产物有利于维持人体肠道内正常菌群的稳定和平衡，对儿童便秘及腹泻有双向调节的作用。此外，奶酪能增进人体抗病能力、促进机体代谢、增强活力、维护眼睛健康。

温馨提示

奶酪含有较多的热量，肥胖的儿童要少食或忌食，以免造成热量过剩，使肥胖更加严重。另外，奶酪始终处于发酵过程中，所以储存时间太长会使其变质，尤其是软质奶酪在开始食用后，只能保存1~3个星期，需尽快食用，以免变质。

搭配宜忌

 ✓ 奶酪 + 草莓 = 滋补养血、生津

 ✓ 奶酪 + 青豆 = 增强免疫力

 ✗ 奶酪 + 菠菜 = 影响钙的吸收

 ✗ 奶酪 + 莴笋 = 消化不良

补钙食谱

西红柿奶酪豆腐

◑原料:

西红柿200克, 豆腐80克, 奶酪35克

◑调料:

盐少许, 食用油适量

◑做法:

1.豆腐切长方块; 西红柿去皮, 切成丁。

2.奶酪切片, 再切条形, 改切成碎末。

3.煎锅置于火上, 淋入食用油烧热, 放入豆腐块, 用小火煎出香味。

4.翻转豆腐块, 晃动煎锅, 煎至两面呈金黄色。

5.撒上奶酪碎, 倒入西红柿, 撒上盐, 略煎至食材入味。

6.关火后将食材盛出, 装入盘中即成。

专家点评

　　西红柿能生津止渴、开胃消食, 豆腐富含蛋白质, 奶酪亦含有丰富的钙质, 三者搭配不仅能改善小儿厌食的症状, 还能补充钙元素, 促进小儿骨骼生长。

补钙食谱

奶酪蘑菇粥

◑原料:

肉末35克, 口蘑45克, 菠菜50克, 奶酪、胡萝卜各40克, 水发大米90克

◑调料:

盐少许

◑做法:

1.口蘑切丁, 胡萝卜、菠菜切粒, 奶酪切条。

2.汤锅中注水烧开, 倒入大米, 拌匀, 放入切好的胡萝卜、口蘑, 搅拌匀。

3.烧开后转小火煮30分钟至大米熟烂, 倒入肉末, 拌匀。

4.再放入菠菜, 搅拌均匀, 煮至沸腾, 放入少许盐, 拌匀调味。

5.把煮好的粥盛入碗中, 放上奶酪即成。

专家点评

　　菠菜中维生素K的含量较高, 与含维生素A丰富的胡萝卜及含钙高的奶酪搭配食用, 可以帮助人体维持正常视力, 增强其抗病能力, 促进幼儿的生长发育。

酸奶

『推荐烹调法』
拌

▶含钙量：
118毫克/100克
▶补钙原理：
酸奶中的钙被人体吸收后，能够使机体快速达到"钙平衡"的状态，缓解儿童及青少年生长迟缓、盗汗、自汗的现象。

营养成分

酸奶中含脂肪、磷脂、蛋白质、乳糖、维生素A、维生素C、维生素E、B族维生素及钙、磷、铁、锌、钼等。

营养功效

酸奶能促进消化液的分泌，增加胃酸，因而有健胃消食、增加食欲的作用，厌食儿童可常食。此外，酸奶还能抑制肠道腐败菌的生长，增强机体的抗病能力，有效预防小儿感冒、便秘等症。

温馨提示

在购买酸奶的时候，凝固型酸奶应购买无气泡、无杂质、乳清析出量少、微黄或者乳白色的；如果颜色发灰、有霉斑或多气泡、乳清分离严重，均属于质量有问题，不可购买。

搭配宜忌

 ✓ 酸奶 + 蓝莓 = 壮骨、增强免疫力

 ✓ 酸奶 + 西红柿 = 预防便秘

 ✗ 酸奶 + 黄豆 = 影响钙的吸收

 ✗ 酸奶 + 香肠 = 形成亚硝胺、致癌

补钙食谱

酸奶水果杯

◖原料:

火龙果130克,橙子70克,苹果80克,酸奶75克

◖做法:

1.火龙果取果肉,切小块。

2.橙子取果肉,切小块。

3.洗净的苹果取果肉,切小块。

4.取一个干净的玻璃杯。

5.放入切好的火龙果、橙子和苹果。

6.均匀地淋上酸奶即成。

专家点评

　　火龙果的主要营养成分为膳食纤维、B族维生素、维生素C、铁、磷、钙等,搭配酸奶,不仅能预防小儿便秘,还能为小儿补充生长发育所需的钙元素。

补钙食谱

芒果酸奶

◖原料:

芒果肉70克,酸奶65克

◖调料:

蜂蜜少许

◖做法:

1.芒果肉切小块。

2.取榨汁机,选择搅拌刀座组合,倒入切好的芒果肉,加入酸奶。

3.放入备好的蜂蜜,盖好盖子。

4.选择"榨汁"功能,榨成汁。

5.断电后倒出芒果酸奶,装入杯中即成。

专家点评

　　芒果肉甜汁多,酸奶酸甜细滑,两者搭配食用,不仅口感好,营养也十分丰富。小儿食用可预防便秘,改善缺钙引起的厌食症状,促进其骨骼发育。

牛奶

『推荐烹调法』
煮

▶含钙量：
104毫克/100克

▶补钙原理：
牛奶是人体钙质的良好来源，而且钙磷比例非常适当，能够帮助机体充分吸收来自食物中的钙元素，对儿童增高助长十分有益。

营养成分

牛奶含脂肪、磷脂、蛋白质、乳糖、维生素A、维生素C、维生素E及钙、磷、铁、锌、铜、锰、钼等。

营养功效

牛奶具有补虚损、益肺胃、生津润肠之功效，生长期的儿童多食，对补充营养、增强免疫力、强身健体都十分有益；且牛奶中含有的铁、铜和卵磷脂，能大大提高大脑的工作效率，提高儿童的学习效率，预防缺铁性贫血。

温馨提示

儿童饮用的牛奶，不能太冷，以免刺激肠胃，但是过度加热的牛奶中含有致癌的焦糖，钙质也会出现磷酸沉淀现象，所以加热牛奶时，宜以70℃的温度加热三分钟，使消毒、保存营养两不误。

搭配宜忌

 ✔ 牛奶 + 黑豆 = 促进维生素的吸收

 ✔ 牛奶 + 蜂蜜 = 改善贫血症状

 ✔ 牛奶 + 桃 = 滋养皮肤

 ✘ 牛奶 + 香椿 = 引起腹胀

专家点评

橙子含有多种维生素以及钾、钠、钙、镁、铁、锰、锌、铜、磷等营养成分，与牛奶同食，可增强小儿免疫力，促进小儿生长发育。

果汁牛奶

◑原料：

橙子肉200克，纯牛奶100毫升

◑调料：

蜂蜜少许

◑做法：

1.橙子肉切小块。

2.取备好的榨汁机，倒入适量的橙子肉块。

3.选择第一档，榨出果汁。

4.断电后放入余下的橙子肉块，榨取橙汁，将榨好的橙汁倒入杯中。

5.加入纯牛奶，放入备好的蜂蜜，搅拌匀即成。

专家点评

牛奶是钙元素的良好食物来源，搭配清心润肺的木瓜同食，不仅口感爽滑、消食开胃，还能预防小儿感冒、便秘，增强其抗病能力。

木瓜牛奶饮

◑原料：

木瓜肉140克，牛奶170毫升

◑调料：

白糖适量

◑做法：

1.木瓜肉切条形，改切成小块。

2.取榨汁机，选择搅拌刀座组合，倒入木瓜块，加入牛奶。

3.注入适量纯净水，撒上少许白糖，盖好盖子，选择"榨汁"功能，榨取果汁。

4.断电后倒出果汁，装入杯中即成。

鸭蛋

『推荐烹调法』
炒、蒸、煮

▶含钙量：
62毫克/100克
▶补钙原理：
鸭蛋中的矿物质总量远胜于鸡蛋，尤其铁、钙含量极为丰富，对促进儿童骨骼发育、促进血液循环、强健身体十分有益。

营养成分

鸭蛋中含有蛋白质、脂肪、B族维生素、维生素E、钙、磷、铁、钾等。

营养功效

鸭蛋中蛋白质的含量和鸡蛋一样，且其矿物质含量较鸡蛋更多，具有滋阴清肺、大补虚劳、强壮身体等功效，对于体虚、燥热咳嗽、咽干喉痛、腹泻、痢疾等小儿常见的病症有辅助食疗作用，常食鸭蛋还能改善胃肠道功能。

温馨提示

在选购鸭蛋时，可握住鸭蛋左右摇晃，不发出声音的就是好的鸭蛋；买回的鸭蛋，若一次不能吃完，可将其大头朝上，小头朝下，放置在冰箱中保存；水洗过的鸭蛋易变坏，所以在存放时不要清洗鸭蛋。

搭配宜忌

 ✔ 鸭蛋 + 银耳 = 益肾、健脑

 ✔ 鸭蛋 + 百合 = 滋阴润肺

 ✘ 鸭蛋 + 鱿鱼 = 引起身体不适

 ✘ 鸭蛋 + 桑葚 = 对肠胃不利

茭白木耳炒鸭蛋

◉ 原料：

茭白300克，鸭蛋2个，水发木耳40克，葱段少许

◉ 调料：

盐、鸡粉、水淀粉、食用油各适量

◉ 做法：

1.木耳切小块，茭白切片；鸭蛋打散，放盐、鸡粉、水淀粉，调匀，制成蛋液。

2.开水锅中放盐、鸡粉，倒茭白、木耳，略煮片刻后捞出；用油起锅，倒入蛋液，炒至其七成熟，盛出，装盘待用。

3.另起锅，注油烧热，放葱段，爆香，倒茭白、木耳、鸭蛋，炒匀，加入盐、鸡粉、水淀粉，炒匀，关火后盛出，装盘即成。

专家点评

茭白含有糖类、蛋白质、脂肪等营养物质，可补充人体所需的营养，与木耳、鸭蛋一起炒食，还能增强幼儿机体免疫力，使其皮肤润滑细腻。

鸭蛋鱼饼

◉ 原料：

鱼肉泥270克，鸭蛋1个，葱花少许

◉ 调料：

盐3克，鸡粉2克，食用油少许

◉ 做法：

1.取一碗，倒入鱼肉泥，加盐、鸡粉，拌匀，打入鸭蛋，撒葱花，搅匀，备用。

2.煎锅置于旺火上，淋入适量食用油，倒入拌好的鱼肉泥，摊开，铺成饼状。

3.晃动煎锅，煎至成形，翻转鱼饼，用小火煎至两面熟透。

4.关火后盛出，待稍微放凉后切成小块，装入盘中即成。

专家点评

鱼肉富含优质蛋白，鸭蛋含有远胜于鸡蛋的矿物质，两者搭配食用，不仅能为小儿补充能量，还能促进小儿骨骼发育、缓解小儿便秘。

　　锌是人体不可缺少的营养素，它能促进儿童的身体及智力发育，增强机体的免疫力，并且起着"动员"维生素A的作用，对维持正常视力有不可或缺的作用。锌虽然对孩子的成长很重要，但盲目补锌却对孩子健康无益，甚至还可能适得其反。

　　本章详细介绍了适合儿童补锌的34种食材，并在每种食材下推荐两道相关的补锌食谱，让妈妈们能够在清楚知道这些食材的补锌功效的前提下，做出更有底气的爱"锌"餐，让孩子更健康、更聪明。

PART 3

补锌食谱，
全"锌"全意为健康加分！

黑米	香菇	鸡蛋	鲈鱼	莲子
荞麦	木耳	猪肝	鲤鱼	枣
糙米	芹菜	羊肝	黄鳝	猕猴桃
蚕豆	银耳	鸭肝	牡蛎	松子
黑豆	牛肉	鸡心	三文鱼	杏仁
豌豆	羊肉	猪肚	虾米	核桃
豆腐皮	鸭肉	猪心	鱿鱼	

黑米

『 推荐烹调法 』
煮、蒸

▶含锌量：
3.8毫克/100克

▶补锌原理：
黑米含有较多的锌，能促进孩子的味觉发育，从根本上解决孩子不爱吃饭、食欲不佳、偏食甚至异食等问题。

营养成分

黑米含蛋白质、脂肪、糖类、B族维生素、维生素E、钙、磷、钾、镁、铁、锌等营养元素。

营养功效

黑米具有健脾开胃、补肝明目、滋阴补肾、益气健脾、养精固混的功效，可使小儿头发乌黑发亮。同时，黑米含B族维生素、蛋白质等，对于预防小儿贫血及呼吸系统疾病有很好的食疗作用。

温馨提示

由于黑米所含的营养成分多聚集在黑色皮层，故不宜精加工，以食用糙米或标准三等米为宜。优质的黑米要求粒大饱满、黏性强、富有光泽，很少有碎米和裂纹，不含杂质和虫蛀；取几粒黑米品尝，优质黑米味甜。散装黑米需要放入保鲜袋或不锈钢容器内，密封后置于阴凉通风处保存。

搭配宜忌

 ✓ 黑米 + 大米 = 开胃益中、明目

 ✓ 黑米 + 牛奶 = 益气养血、生津、健脾胃

 ✓ 黑米 + 生姜 = 降胃火

 ✗ 黑米 + 苹果 = 产生不易消化的物质

补锌食谱

黑米黄豆豆浆

◗ 原料：

水发黑豆120克，水发黄豆100克，水发黑米90克，水发薏米80克

◗ 调料：

白糖适量

◗ 做法：

1.将黄豆、黑豆榨成豆汁，待用。

2.再将黑米、薏米榨成米浆，待用。

3.汤锅置于火上，倒入豆汁，再注入米浆，用大火煮至汁水沸腾，掠去浮沫。

4.加入适量白糖，搅匀，用中火续煮5分钟，至糖分溶化。

5.关火后盛出煮好的黑米豆浆，装入碗中即成。

专家点评

黑米具有滋阴补肾、健脾暖肝、补益脾胃、益气活血、养肝明目等疗效，搭配黄豆磨成豆浆，可使出现厌食、偏食甚至异食的缺锌儿童恢复正常味觉。

补锌食谱

百合黑米粥

◗ 原料：

水发大米120克，水发黑米65克，鲜百合40克

◗ 调料：

盐2克

◗ 做法：

1.砂锅中注入适量清水烧热，倒入备好的大米、黑米，放入洗好的百合，拌匀。

2.盖上盖，烧开后用小火煮至熟。

3.揭开盖，放入盐，拌匀，煮至粥入味。

4.关火后盛出煮好的粥即成。

专家点评

百合含有蛋白质、脂肪、钙、磷、铁、B族维生素、维生素C等，与含锌的黑米同食，能改善因小儿厌食、异食造成的营养不良。

荞麦

『推荐烹调法』
蒸、煮

▶含锌量：
3.62毫克/100克

▶补锌原理：
荞麦中所含的锌，能加快细胞的分裂速度，使细胞的新陈代谢保持在较高水平，从而促进幼儿及青少年的生长发育。

营养成分

荞麦富含蛋白质、脂肪、维生素A、维生素E、胡萝卜素以及铁、磷、钙、锌等矿物质。

营养功效

荞麦具有健胃、消积、止汗的功效，能使小儿有效吸收食物的营养，防止营养流失。同时荞麦能帮助人体代谢葡萄糖，是先天性糖尿病患儿的理想食品。此外，荞麦所含的纤维素可预防小儿便秘，其赖氨酸模式可以与主要的谷物氨基酸互补。

温馨提示

优质荞麦外观应为黄绿色，且大小均匀、没有色差，反之颜色发白或者颜色深浅不一则为次品；荞麦应在常温、干燥、通风的环境中储存；荞麦面应与干燥剂同放在密闭容器内低温保存。

搭配宜忌

 ✔ 荞麦 + 马齿苋 = 清胃降火

 ✔ 荞麦 + 红枣 = 收敛止汗

 ✘ 荞麦 + 黄鱼 = 消化不良

 ✘ 荞麦 + 猪肉 = 脱发

补锌食谱

专家点评

黄豆中含有蛋白质，与营养丰富的荞麦同食，能促进小儿机体正常发育，预防营养代谢失常引发的各种疾病。

荞麦豆浆

◐原料：

水发黄豆、荞麦各80克

◐调料：

白糖15克

◐做法：

1.把洗净的荞麦、黄豆倒入豆浆机中。

2.注入适量清水，至水位线即可。

3.盖上豆浆机机头，选择"五谷"程序，再选择"开始"键，开始打浆。

4.待豆浆机运转约15分钟，即成豆浆。

5.将豆浆机断电，取下机头，将豆浆盛入碗中。

6.加入少许白糖，搅拌片刻，至白糖溶化即可。

补锌食谱

专家点评

荞麦搭配消炎退热、健脾开胃的苦瓜，能提高小儿机体对锌的吸收率，增强小儿食欲和机体的免疫力，防治发热、疳积等疾病。

苦瓜荞麦饭

◐原料：

水发荞麦100克，苦瓜60克，红枣20克

◐做法：

1.砂锅中注入适量清水烧开，倒入切好的苦瓜，焯煮30秒。

2.将焯好的苦瓜捞出，沥干，备用。

3.取一个蒸碗，分层次放入荞麦、苦瓜、红枣，铺平。

4.注入适量清水，使其没过食材约1厘米的高度。

5.蒸锅中注入适量清水烧开，放入蒸碗，盖上盖，中火炖40分钟至熟软。

6.揭盖，关火后取出蒸碗即成。

糙米

『 推荐烹调法 』
煮、蒸

▶含锌量：
2.7毫克/100克

▶补锌原理：
锌元素是人体免疫器官——胸腺发育的重要营养素，常食糙米，补充足量的锌，才能使儿童正常分化T淋巴细胞，增强免疫力。

营养成分

糙米含有糖类、脂肪类、蛋白质、纤维素、维生素A、B族维生素、叶酸、维生素E、各种矿物质以及很重要的酵素类等。

营养功效

糙米具有提高小儿机体免疫力、加速血液循环、消除烦躁、促进肠道有益菌繁殖、加速肠道蠕动、软化粪便等功效。此外，糙米中的膳食纤维还能与胆汁中的胆固醇结合，促使胆固醇的排出，可预防小儿肥胖。

温馨提示

上好的糙米应色泽晶莹、颗粒均匀、无黄粒，有一股米的清香，无霉烂味；将手插入米袋，手上应无油腻感、米粉；用手碾一下，米粒不碎。糙米应放在干燥、密封效果好的容器内，并置于阴凉处保存。

搭配宜忌

 ✓ 糙米 + 胡萝卜 = 保护视力

 ✓ 糙米 + 瘦肉 = 强健身体

 ✓ 糙米 + 鱼 = 预防慢性病

 ✗ 糙米 + 牛奶 = 维生素A流失

补锌食谱

专家点评

糙米含有蛋白质、膳食纤维、维生素、钾、镁、锌、铁、锰等营养成分，小儿食用本品，具有促进血液循环、预防贫血、健脑益智等功效。

糙米豆浆

◐ 原料：

水发黄豆70克，水发糙米35克

◐ 调料：

冰糖适量

◐ 做法：

1. 糙米、黄豆中加入清水，搓洗干净。
2. 把洗好的食材倒入滤网，沥干水分。
3. 将食材倒入豆浆机中，加入冰糖，注入适量清水，至水位线。
4. 盖上机头，选择"五谷"程序，开始打浆，待其运转约20分钟，即成豆浆。
5. 将豆浆机断电，取下机头，把豆浆倒入滤网，搅拌，滤取豆浆。
6. 把滤好的豆浆倒入碗中即成。

补锌食谱

专家点评

燕麦含有蛋白质、膳食纤维、B族维生素、叶酸、钙、铁等营养成分，可促进肠道蠕动，与荞麦同食，能增加饱腹感，减少其它食物的摄入量，防治小儿肥胖。

糙米燕麦饭

◐ 原料：

燕麦30克，水发大米、水发糙米、水发薏米各85克

◐ 做法：

1. 碗中倒入清水，放入备好的燕麦、大米、糙米、薏米，淘洗干净。
2. 把淘洗净的原料装入另一个碗中，加入适量清水。
3. 蒸锅上火烧开，放入备好的食材。
4. 盖上盖，用中火蒸30分钟至食材熟透。
5. 揭开盖，把蒸好的饭取出即成。

蚕豆

『推荐烹调法』
煮、炖、炒

▶含锌量：
4.76毫克/100克

▶补锌原理：
蚕豆中含有调节大脑和神经组织的锌，并含有丰富的胆石碱，有促进大脑发育、提高儿童记忆力等健脑益智作用。

营养成分

蚕豆含粗纤维、磷脂、胆碱、维生素B_1、维生素B_2、烟酸和钙、铁、锌、钾等多种矿物质。

营养功效

蚕豆性平味甘，具有健脾益气的功效，能促进小儿食欲；蚕豆中的钙，有利于骨骼对钙的吸收与钙化，能促进小儿骨骼的生长发育。另外，蚕豆中的蛋白质含量丰富，且不含胆固醇，可以提高食品营养价值，减少患病风险。

温馨提示

买新鲜蚕豆时一定要剥开蚕豆看一下，蚕豆上的筋是绿色的，则说明蚕豆新鲜。贮存蚕豆时，将其放在低温、干燥避光的器皿中，一般在5℃以下，水分含量在11%以下，再将蚕豆密封保存。

搭配宜忌

 ✓ 蚕豆 + 枸杞 = 清肝去火

 ✓ 蚕豆 + 猪蹄 = 补气

 ✓ 蚕豆 + 老鸡 = 补虚

 ✗ 蚕豆 + 田螺 = 肠绞痛

补锌食谱

专家点评

蚕豆含有蛋白质、粗纤维、磷脂、胆碱、维生素B$_1$、维生素B$_2$、钙、铁、磷、钾等营养成分，小儿常食，能开胃消食、增强记忆力、缓解压力。

茴香蚕豆

原料：

鲜蚕豆300克，桂皮、花椒、小茴香各少许

调料：

盐3克，鸡粉2克，生抽4毫升

做法：

1.开水锅中倒入桂皮、花椒、小茴香，烧开后再煲煮约15分钟，倒入蚕豆。

2.加入盐、鸡粉，淋入生抽，拌匀调味。

3.盖上盖，烧开后用小火续煮约15分钟至食材熟透。

4.揭开盖，捞出煮好的蚕豆，沥干水分，夹出桂皮。

5.把蚕豆装入碗中，摆好即成。

补锌食谱

专家点评

蚕豆具有补中益气、健脾利湿的作用，搭配瘦肉煮汤，能起到益脾补虚、消食和胃的作用，能有效改善小儿营养不良的症状。

蚕豆瘦肉汤

原料：

水发蚕豆220克，猪瘦肉120克，姜片、葱花各少许

调料：

盐、鸡粉各2克，料酒6毫升

做法：

1.开水锅中倒入切好的瘦肉丁，淋入3毫升料酒，用大火汆去血水，捞出待用。

2.另起锅，注水烧开，倒入汆好的瘦肉丁，撒上姜片，倒蚕豆，淋3毫升料酒。

3.烧开后用小火煮约40分钟，至食材熟透，加入盐、鸡粉，用中火煮至入味。

4.关火后盛出煮好的汤料，装入碗中，撒上葱花即成。

黑豆

『推荐烹调法』
煮、蒸

▶含锌量：
4.18毫克/100克

▶补锌原理：
食用黑豆可刺激人类高级神经活动的核团——海马体，为小儿学习语言、接受和存储信息提供良好的基础。

营养成分

黑豆含有亚油酸、蛋白质、脂肪、维生素E及钙、磷、铁等元素。

营养功效

黑豆皮提取物能够提高机体对铁元素的吸收，带皮食用黑豆能够改善贫血症状；其维生素E以及B族维生素含量甚高，是小儿乌发明目的佳品；且黑豆能提高肾功能，增强小儿机体活力。此外，黑豆还含有丰富的膳食纤维，可促进肠胃蠕动，预防小儿便秘。

温馨提示

选购黑豆时，以豆粒完整、大小均匀、颜色乌黑者为佳。由于黑豆表面有天然的蜡质，会随存放时间的长短而逐渐脱落，表面有研磨般光泽的黑豆不要选购；因豆类食品容易生虫，购回后最好尽早食用。

搭配宜忌

 ✔ 黑豆 + 牛奶 = 有利吸收维生素B$_{12}$

 ✔ 黑豆 + 橙子 = 营养丰富

 ✔ 黑豆 + 红糖 = 滋补肝肾

 ✘ 黑豆 + 蓖麻子 = 对身体不利

黑豆花生牛奶

◐原料：

水发黑豆、水发花生米各100克，牛奶150毫升

◐调料：

白糖6克

◐做法：

1.取榨汁机，倒入黑豆、花生米，注入适量清水，盖好盖子，榨取生豆浆。

2.砂锅注水烧热，倒入备好的牛奶，注入拌好的生豆浆，搅拌匀。

3.用大火煮约1分钟，待汁水沸腾，加入白糖，搅拌匀。

4.续煮片刻，至糖分溶化，掠去浮沫。

5.盛出黑豆花生牛奶，装入杯中即成。

专家点评

花生含有蛋白质、脂肪、B族维生素、钙、铁、锌等营养物质，搭配黑豆、牛奶同食，能促进小儿脑细胞发育，增强记忆力。

黑豆银耳豆浆

◐原料：

水发黑豆50克，水发银耳20克

◐调料：

白糖适量

◐做法：

1.将黑豆倒入碗中，注水洗净，倒入滤网，沥干水分。

2.将黑豆、银耳倒入豆浆机中，注水至水位线，选择“五谷”程序，开始打浆，待豆浆机运转约15分钟，即成豆浆。

3.将豆浆机断电，取下机头，把煮好的豆浆倒入滤网，滤取豆浆。

4.将滤好的豆浆倒入碗中，加入白糖。

5.搅拌均匀，至白糖溶化即成。

专家点评

银耳含有海藻糖、甘露糖醇、胶质、钙、磷、铁、钾等营养成分，与黑豆同食，可助小儿润肠和胃、补气和血，降低小儿胃肠道疾病的发生率。

豌豆

『推荐烹调法』
炒、煮

▶含锌量：
2.35毫克/100克

▶补锌原理：
豌豆中含有的锌能参与味觉素的合成，促进味觉发育，让孩子真正爱上吃饭，甩掉挑食、厌食和异食的坏习惯。

营养成分

豌豆含有膳食纤维、维生素A、胡萝卜素、烟酸、维生素C、维生素E、钙、碘、镁、铁、锌等。

营养功效

豌豆具有和中益气、解疮毒、通乳及消肿的功效。豌豆中所含的止权酸、赤霉素和植物凝素等物质，有抗菌消炎，增强小儿新陈代谢的功能；其富含的粗纤维能预防小儿便秘。

温馨提示

买来的带荚青豌豆未食用完，不要用水清洗，直接放冰箱冷藏；如果是剥出来的豌豆，就需要用袋子密封好平铺（尽量使每粒豆子都很舒服的平躺下，不要和其他豆子挤在一起）放入冰箱的冷冻室里，且最好在一个月内吃完。

搭配宜忌

 ✅ 豌豆 + 虾仁 = 提高营养价值

 ✅ 豌豆 + 蘑菇 = 开胃

 ✅ 豌豆 + 红糖 = 健脾利尿

 ❌ 豌豆 + 菠菜 = 影响钙的吸收

专家点评

豌豆含有蛋白质、纤维素、胡萝卜素、维生素C、镁、铜、铬等营养成分，搭配口蘑同食，具有增强小儿免疫力、益中气、解热毒、通肠胃等功效。

豌豆炒口蘑

❶原料：

口蘑、胡萝卜各65克，豌豆120克，彩椒25克

❶调料：

盐、鸡粉各2克，水淀粉、食用油各适量

❶做法：

1.胡萝卜、彩椒切小丁块，口蘑切薄片。

2.锅中注水烧开，倒入口蘑、豌豆、胡萝卜，用中火煮约2分钟，倒入彩椒，煮至断生，捞出食材，沥干待用。

3.用油起锅，倒入焯过水的材料，炒匀。

4.加入盐、鸡粉，淋入少许水淀粉，快速翻炒均匀。

5.关火后盛出炒好的菜肴即成。

专家点评

本品含有丰富的膳食纤维，能改善小儿便秘的症状。此外，本品含锌量丰富，小儿食用能有效改善味觉功能，防治厌食、异食等病症。

糙米豌豆杂粮饭

❶原料：

糙米90克，燕麦、荞麦各80克，豌豆100克

❶做法：

1.将糙米、燕麦、荞麦倒入碗中，加入适量清水。

2.碗中再放入豌豆，淘洗干净，备用。

3.把洗净的材料装入另一个碗中，加入适量清水，放入烧开的蒸锅中。

4.盖上盖，用中火蒸至食材熟透。

5.揭盖，把蒸好的杂粮饭取出即成。

豆腐皮

『推荐烹调法』
煮、炒

▶含锌量：
3.81毫克/100克

▶补锌原理：
豆腐皮中含有的锌能参与生长介素的合成，满足每日生长激素合成的需求，维持生长素分泌正常，进而促进小儿骨骼发育。

营养成分

豆腐皮营养丰富，蛋白质含量高，还含有铁、钙、锌等人体所必需的多种营养元素。

营养功效

豆腐皮有清热润肺、止咳消痰、养胃、止汗等功效。豆腐皮营养丰富，蛋白质、氨基酸含量高，其含有的大量卵磷脂，能保护心脏、滋润肺部。儿童食用不仅能预防小儿肥胖，还能提高免疫能力，促进身体和智力的发育。

温馨提示

优质的豆腐皮，皮薄透明，半圆而不破，微黄色而有光泽，柔软不黏，表面光滑；豆香味浓郁纯正、微甜，久煮不糊，韧性好。豆腐皮放置于阴凉处存储即可。

搭配宜忌

 ✓ 豆腐皮 + 白菜 = 清肺热、止痰咳

 ✓ 豆腐皮 + 生菜 = 滋阴补肾、减肥健美

 ✓ 豆腐皮 + 银耳 = 滋补气血、润肺护肝

 ✗ 豆腐皮 + 葱 = 影响钙质的吸收

补锌食谱

专家点评

黄瓜具有除湿、利水、降脂、促进消化的作用，搭配营养丰富的豆皮食用，有利于锌的吸收利用，能有效防治小儿营养不良。

黄瓜拌豆皮

◑ 原料：

黄瓜120克，豆皮150克，红椒25克，蒜末、葱花各少许

◑ 调料：

盐3克，鸡粉2克，生抽4毫升，陈醋6毫升，芝麻油、食用油各适量

◑ 做法：

1.黄瓜、豆皮、红椒切成丝，待用。

2.开水锅中放入盐、食用油、豆皮、红椒，焯煮至熟后捞出，装入碗中，倒入黄瓜丝。

3.放入蒜末、葱花，加入盐、生抽、鸡粉，倒入陈醋、芝麻油，拌约1分钟，至食材入味。

4.取一盘，放入拌好的食材，摆好即成。

补锌食谱

专家点评

包菜含有蛋白质、膳食纤维、维生素A、维生素C、叶酸等营养成分，与豆腐皮同食，可参与生成生长介素，促进细胞新陈代谢，促进小儿的生长发育。

豆腐皮枸杞炒包菜

◑ 原料：

包菜200克，豆腐皮120克，水发香菇30克，枸杞少许

◑ 调料：

盐、鸡粉各2克，白糖3克，食用油适量

◑ 做法：

1.香菇切丝，豆腐皮切片，包菜切小块。

2.锅中注水烧开，倒入豆腐皮，略煮一会儿，捞出豆腐皮，沥干水分，待用。

3.用油起锅，倒入香菇，炒香。

4.放入包菜，炒至变软，倒入豆腐皮，撒上枸杞，炒匀炒透。

5.加盐、白糖、鸡粉，翻炒至食材入味。

6.关火后盛出炒好的食材即成。

香菇

『推荐烹调法』
炒、炖

▶含锌量：
8.57毫克/100克（干香菇）

▶补锌原理：
香菇中所含的锌可增强智力和记忆力，小儿身体生长发育阶段，也是脑细胞发育的关键时刻，应常食香菇，补充足量的锌。

营养成分

香菇含有粗纤维、灰分、钙、磷、铁、锌以及维生素B_1、维生素B_2、维生素C等成分。

营养功效

香菇素有"山珍"之称，是高蛋白、低脂肪的营养保健食品。其中，香菇多糖能提高辅助性T细胞的活力而增强小儿机体免疫功能；香菇还含有多种维生素、矿物质，对促进小儿的新陈代谢、提高机体免疫力有很大作用。

温馨提示

烹调前，先用冷水将香菇表面冲洗干净，带柄的香菇可将根部除去，然后"鳃页"朝下放置于温水盆中浸泡，待香菇变软、"鳃页"张开后，再用手朝一个方向轻轻旋搅，让泥沙徐徐沉入盆底。

搭配宜忌

 ✓ 香菇 + 口蘑 = 消食化痰

 ✓ 香菇 + 花菜 = 通利肠胃

 ✓ 香菇 + 毛豆 = 降脂

 ✗ 香菇 + 蟹 = 易引起结石

胡萝卜炒香菇片

◉ 原料：

胡萝卜180克，鲜香菇50克，蒜末、葱段各少许

◉ 调料：

盐3克，鸡粉2克，生抽4毫升，水淀粉5毫升，食用油适量

◉ 做法：

1.去皮胡萝卜切片，香菇斜刀切片；开水锅中放胡萝卜、香菇，煮至断生，捞出。

2.用油起锅，放入蒜末，爆香，倒入胡萝卜片和香菇，加生抽、盐、鸡粉，炒匀。

3.倒入水淀粉勾芡，撒上葱段，翻炒至食材入味。

4.关火后盛出炒好的食材，装盘即成。

专家点评

香菇是高蛋白、低脂肪的健康食品，含有氨基酸、矿物质、维生素和多糖等营养成分，与胡萝卜搭配食用，能提高维生素A的利用率，改善小儿视力。

荷兰豆炒香菇

◉ 原料：

荷兰豆120克，鲜香菇60克，葱段少许

◉ 调料：

盐3克，鸡粉2克，料酒、蚝油各5毫升，水淀粉4毫升，食用油适量

◉ 做法：

1.荷兰豆切去头尾，香菇切粗丝；开水锅中倒入香菇、荷兰豆，煮至断生后捞出。

2.用油起锅，倒入葱段，爆香，放入焯过水的荷兰豆、香菇，加入料酒、蚝油，翻炒匀。

3.放入鸡粉、盐，炒匀调味，倒入水淀粉，翻炒均匀。

4.关火后盛出炒好的食材，装盘即成。

专家点评

香菇与荷兰豆同食，不仅对脾胃虚弱、小腹胀满、呕吐泻痢有较好的食疗效果，经常食用，还能提高小儿机体免疫力，预防感冒等疾病。

木耳

『推荐烹调法』
炒、炖

▶含锌量：
3.18毫克/100克
▶补锌原理：
木耳中的锌能通过参与酶的形成而促进核酸蛋白质合成，参与细胞的生长和分裂，从而促进儿童生长发育。

营养成分

木耳含钙、铁、锌等元素以及胡萝卜素、维生素B_1、维生素B_2、烟酸等，还含磷脂、固醇等营养素。

营养功效

木耳味道鲜美，可素可荤，营养丰富，被营养学家誉为"素中之王"，具有补气、滋阴、补肾、活血、通便等功效。木耳能帮助消化系统将无法消化的异物溶解，防治小儿疳积，促进营养吸收，还能有效帮助小儿预防缺铁性贫血。

温馨提示

优质木耳的正反两面色泽不同，正面为灰黑色或灰褐色，反面为黑色或黑褐色，有光泽、肉厚、朵大、无杂质、无霉烂；触摸感觉较轻、松散，表面平滑，脆而易断；一般闻着无异味，尝时有清香味。

搭配宜忌

 ✔ 木耳 + 海蜇皮 = 润肠美肤

 ✔ 木耳 + 竹笋 = 清热泻火

 ✔ 木耳 + 豇豆 = 益气生津

 ✘ 木耳 + 青萝卜 = 引发皮炎

专家点评

海蜇含有一种类似乙酰胆碱的物质，能够扩张血管、加速血液循环、促进小儿新陈代谢，与黑木耳搭配食用，可增强小儿抵抗力，可常食。

黑木耳拌海蜇丝

原料：

水发黑木耳40克，水发海蜇120克，胡萝卜、西芹各80克，香菜20克，蒜末少许

调料：

盐1克，鸡粉2克，白糖4克，陈醋6毫升，芝麻油2毫升，食用油适量

做法：

1.洗净的胡萝卜、西芹、海蜇切成丝，洗好的黑木耳切小块，香菜切成末。

2.锅中注水烧开，依次放入海蜇丝、胡萝卜、黑木耳、食用油，煮1分钟，放入西芹，略煮片刻，捞出，装入碗中，待用。

3.碗中放蒜末、香菜、白糖、盐、鸡粉、陈醋、芝麻油，拌匀，盛出装盘即成。

专家点评

补脾养胃、生津益肺的山药搭配益气强智、补血活血的木耳同食，可有效改善胃肠道功能，防治消化道功能失调而引发的便秘、腹泻等疾病。

木耳炒山药片

原料：

山药180克，水发木耳、香菜各40克，彩椒50克，姜片、蒜末各少许

调料：

盐3克，鸡粉2克，料酒、蚝油各10毫升，水淀粉5毫升，食用油适量

做法：

1.彩椒、木耳、山药切块，香菜切段；开水锅中倒木耳、山药、彩椒，略煮后捞出。

2.用油起锅，放入姜片、蒜末，炒香，倒入焯好的食材，淋入料酒，炒匀。

3.加盐、鸡粉、蚝油、水淀粉，翻炒均匀，放入香菜，炒至断生。

4.关火后盛出炒好的食材即可。

芹菜

『推荐烹调法』
炒、蒸

▶含锌量：
1.14毫克/100克

▶补锌原理：
芹菜是含锌量较高的新鲜蔬菜，常食芹菜能防止皮肤干燥、角化，还能促进胃肠道蠕动，可使小儿皮肤润滑有光泽。

营养成分

芹菜含蛋白质、糖类、甘露醇、食物纤维以及丰富的维生素A、维生素C、维生素P、钙、铁、锌等营养成分。

营养功效

芹菜具有平肝清热、祛风利湿、除烦消肿、凉血止血、健胃利血、清肠利便、润肺止咳、健脑镇静的功效，对发热、惊厥、咳嗽、食欲不振、便秘等影响小儿生长发育的疾病有良好的食疗作用。

温馨提示

购买时宜选择色泽鲜绿、叶柄厚且平直、茎部稍呈圆形、内侧微向内凹的芹菜；贮存时用保鲜膜将其从茎到叶包严，根部朝下，竖直放入水中，水没过芹菜根部5厘米，可保持芹菜一周内不老不蔫。

搭配宜忌

 ✔芹菜 + 茭白 = 降低血压

 ✔芹菜 + 红枣 = 补血养颜

 ✖芹菜 + 螃蟹 = 导致腹泻

 ✖芹菜 + 甲鱼 = 引起中毒

爽口胡萝卜芹菜汁

◗ 原料：

胡萝卜120克，包菜100克，芹菜、柠檬各80克

◗ 做法：

1.包菜切成小块，芹菜切粒，去皮胡萝卜切成丁。

2.锅中注水烧开，倒入包菜，搅匀，煮半分钟，至其熟软，捞出。

3.取榨汁机，选择搅拌刀座组合，倒入包菜、胡萝卜、芹菜。

4.加入适量矿泉水，选择"榨汁"功能，榨取蔬菜汁。

5.把榨好的蔬菜汁倒入杯中，挤入柠檬汁，搅拌均匀即成。

专家点评

包菜含有维生素、胡萝卜素、叶酸和钾等营养成分，与胡萝卜、芹菜榨汁食用，有利于消化吸收，对便秘的小儿有润肠通便的功效。

醋拌芹菜

◗ 原料：

芹菜梗200克，彩椒10克，芹菜叶25克，熟白芝麻少许

◗ 调料：

盐2克，白糖3克，陈醋15毫升，芝麻油10毫升

◗ 做法：

1.彩椒去子，切细丝；芹菜梗切成段。

2.锅中注水烧开，倒入芹菜梗，略煮，放入彩椒，煮至断生，捞出沥干。

3.将焯过水的食材倒入碗中，放入芹菜叶，加入盐、白糖、陈醋、芝麻油，倒入白芝麻，搅拌均匀至食材入味。

4.盛出拌好的菜肴，装入盘中即成。

专家点评

芹菜含有膳食纤维、维生素A、维生素B1、维生素B2、维生素C、维生素P、钙等营养成分，用醋拌食，能促进胃液分泌、增进食欲，缓解小儿厌食症状。

银耳

『推荐烹调法』
煮、炒、炖

▶含锌量：
3.03毫克/100克

▶补锌原理：
银耳中的天然特性胶质与所含的锌共同作用，能减少色素沉着，可以预防儿童脸部出现黄褐斑、雀斑以及黑痣。

营养成分

银耳含有铁、钾、镁、锌、硒、锰、铜、钙、纤维素、维生素A、烟酸、维生素E、胡萝卜素等。

营养功效

银耳是一味滋补良药，特点是滋润而不腻滞，小儿长期食用具有补脾开胃、益气清肠、安眠健胃、补脑的功效；银耳中的膳食纤维可助胃肠蠕动，减少脂肪的吸收，防治儿童肥胖。

温馨提示

优质银耳朵大体松，肉质肥厚，坚韧而有弹性，蒂小无根、无黑点、无杂质。泡发银耳时先把银耳放入凉水中浸泡1~1.5小时（冬季可用温水浸泡），然后洗净污物。个别银耳泡发后量会增加，故须根据食量泡发。

搭配宜忌

 ✅ 银耳 + 莲子 = 减肥祛斑

 ✅ 银耳 + 菊花 = 镇静解毒

 ✅ 银耳 + 梨 = 滋阴润肺

 ❌ 银耳 + 菠菜 = 消化不良

补锌食谱

专家点评

松仁含有大量的维生素E、脂肪酸，还含有丰富的铁、锌等营养元素，搭配银耳食用，有健脑益智之效，尤其适合儿童食用。

松子银耳稀饭

◗ 原料：

松子30克，水发银耳60克，软饭180克

◗ 调料：

盐少许

◗ 做法：

1.炒锅中倒入松子，小火炒香，盛出。

2.取榨汁机，选干磨刀座组合，倒入炒好的松子，磨成粉末，备用。

3.银耳切去根部，改切成小块；汤锅中注水，倒入银耳，用大火煮沸。

4.倒入软饭，拌匀，煮开后转小火煮20分钟至软烂。

5.倒入松子粉，拌匀，加入盐，拌匀调味，关火后盛出，装碗即成。

补锌食谱

专家点评

木瓜含有维生素A、B族维生素、维生素C、维生素E以及多种矿物质等营养成分，搭配银耳，除能帮助小儿消化之外，还有润肺止咳的功效。

银耳木瓜汤

◗ 原料：

木瓜70克，水发银耳40克，水发红豆适量

◗ 调料：

白糖适量

◗ 做法：

1.去皮的木瓜切成厚片，再切成小块。

2.洗好的银耳切去黄色根部，再切小块。

3.锅中注入适量清水烧热，放入红豆、木瓜，搅匀。

4.烧开后转小火煮10分钟至熟软，倒入备好的银耳，搅拌片刻。

5.煮5分钟至银耳熟透，加入少许白糖，搅拌片刻至味道均匀。

6.将煮好的甜汤盛出，装入碗中即成。

牛肉

『推荐烹调法』
炒、炖

▶含锌量：
4.73毫克/100克

▶补锌原理：
牛肉是肉类中锌含量较高的食物，每周食用2~3次，能有效防治因缺锌导致的脑发育和成熟落后，让宝宝聪明健康地成长。

营养成分

牛肉含蛋白质、脂肪、维生素B_1、维生素B_2、钙、铁、肌醇、黄嘌呤、次黄质、牛磺酸等成分。

营养功效

牛肉具有补脾胃、益气血、强筋骨的功效。牛肉营养丰富，其蛋白质含量很高，氨基酸组成更适合儿童的需求。牛肉中含有人体容易吸收的动物性血红蛋白——铁，与所含的磷比例适中，能预防小儿贫血，对小儿的生长发育很有帮助。

温馨提示

新鲜牛肉有光泽，红色均匀，脂肪洁白或淡黄色；气味正常；外表微干或微湿润，不黏手，弹性好，指压后凹陷立即恢复。如不慎买到老牛肉，可急冻，然后再冷藏一两天，肉质可稍变嫩。

搭配宜忌

 ✔牛肉 + 芹菜 = 降低血压

 ✔牛肉 + 仙人掌 = 补脾健胃

 ✘牛肉 + 鲇鱼 = 引起中毒

 ✘牛肉 + 红糖 = 引起腹胀

补锌食谱

上海青炒牛肉

原料：
上海青70克，牛肉100克，彩椒40克，姜末、蒜末、葱段各少许

调料：
盐、鸡粉、料酒、生抽、水淀粉、食用油各适量

做法：
1.彩椒切块，上海青切小瓣；牛肉切片装碗，加盐、料酒、鸡粉、生抽，腌至入味。
2.开水锅中加盐，放入上海青，煮至断生后捞出；用油起锅，倒入牛肉，炒散。
3.放入姜末、蒜末、葱段、彩椒、料酒，炒匀炒香，倒入上海青。
4.加入盐、鸡粉、生抽、水淀粉，翻炒至食材入味，盛出装盘即成。

专家点评

上海青含有丰富的钙、铁、维生素C、胡萝卜素，牛肉搭配上海青，是维持小儿黏膜及上皮组织生长的重要营养源，且小儿食用上海青可保护、滋养皮肤。

小白菜洋葱牛肉粥

原料：
小白菜55克，洋葱60克，牛肉45克，水发大米85克，姜片少许

调料：
盐、鸡粉各2克

做法：
1.小白菜切段，洋葱切小块，牛肉切丁。
2.开水锅中倒入牛肉，煮至变色后捞出。
3.砂锅中注水烧开，倒入牛肉、大米，撒上姜片，烧开后用小火煮约20分钟。
4.倒入洋葱，续煮片刻，倒入小白菜，搅拌均匀，加入盐、鸡粉，搅匀调味。
5.将煮好的粥盛出，装入碗中即成。

专家点评

小白菜含有蛋白质、粗纤维、胡萝卜素、B族维生素、维生素C、钙、磷等营养成分，与含锌丰富的牛肉搭配食用，能促进小儿智力发育，增强记忆力。

羊肉

『推荐烹调法』
炒、炖

▶含锌量：
3.22毫克/100克

▶补锌原理：
羊肉中所含的锌，不仅能补充小儿多汗而流失的锌元素，还有补虚敛汗的作用，可防治小儿多汗。另外，对小儿味觉发育也多有裨益。

营养成分

羊肉含有丰富的蛋白质、纤维素、维生素A、维生素E、镁、钙、锌、铁、维生素B_2、烟酸等成分。

营养功效

小儿寒冬吃羊肉可益气补虚、面色红润；对四肢不温的小儿，能促进血液循环，增加人体的产热量，增强御寒能力。羊肉还可增加消化酶，保护胃壁，防止小儿疳积，帮助消化。

温馨提示

购买羊肉时要挑选肉色鲜红而均匀、有光泽、肉质细而紧密、有弹性、外表略干、不黏手的新鲜羊肉。买回的新鲜羊肉要及时进行冷却或冷藏，使肉温降到5℃以下，以便减少细菌污染，延长保鲜期。

搭配宜忌

 ✔羊肉 + 鸡蛋 = 延缓衰老

 ✔羊肉 + 山药 = 健脾胃

 ✘羊肉 + 食醋 = 功能相反、不宜同食

 ✘羊肉 + 竹笋 = 引起过敏

专家点评

　　山药含有淀粉酶、多酚氧化酶等营养成分，搭配含锌的羊肉同食，具有保持血管弹性、减少皮下脂肪积累、预防小儿肥胖等功效。

羊肉山药粥

◖原料：

羊肉200克，山药300克，水发大米150克，姜片、葱花各少许

◖调料：

盐3克，鸡粉4克，生抽4毫升，料酒、水淀粉、食用油、胡椒粉各适量

◖做法：

1.山药切丁；羊肉切丁装碗，加盐、鸡粉、生抽、料酒、水淀粉、食用油，拌匀，腌至入味。

2.砂锅中注水烧开，放入大米，煮约30分钟，放山药，煮至熟透，加羊肉、姜片。

3.煮约2分钟，加盐、鸡粉、胡椒粉，拌匀调味，关火后盛出，撒上葱花即成。

专家点评

　　羊肉含有蛋白质、磷脂、维生素B$_1$、维生素B$_2$、烟酸、胆固醇、磷、钙、铁等营养成分，具有改善小儿视力、增强小儿抵抗力的功效。

羊肉胡萝卜丸子汤

◖原料：

羊肉末150克，胡萝卜40克，洋葱20克，姜末少许

◖调料：

盐、鸡粉各2克，生抽3毫升，胡椒粉1克，生粉适量

◖做法：

1.将洗净的胡萝卜、洋葱切粒。

2.取一大碗，放入羊肉末，加盐、鸡粉、生抽、胡椒粉、姜末、洋葱、胡萝卜，拌匀，撒上生粉，拌至起劲，制成羊肉泥。

3.开水锅中加盐、鸡粉，把羊肉泥制成数个肉丸后放入其中，煮至熟透，撇去浮沫。

4.关火后盛出煮好的丸子汤，装碗即成。

鸭肉

『推荐烹调法』
炒、炖

▶含锌量：
1.33毫克/100克

▶补锌原理：
口腔中的味觉蛋白对味觉起着重要的作用，锌是味觉蛋白的主要组成部分，食用鸭肉可防止味觉敏感度降低。

营养成分

鸭肉含有蛋白质、B族维生素、维生素E、维生素A以及钙、铁、锌等元素。

营养功效

鸭为餐桌上的上乘肴馔，也是人们进补的优良食品，具有养胃滋阴、清肺解热、大补虚劳、利水消肿、止惊之功效，可用于防治小儿肺热咳嗽、惊厥。另外，鸭肉不仅脂肪含量低，且所含脂肪多为不饱和脂肪，能起到维持小儿心脏正常发育的作用。

温馨提示

选购鸭肉时先观色，鸭的体表光滑，呈乳白色，切开后切面呈玫瑰色，表明是优质鸭；如果鸭皮表面渗出轻微油脂，可以看到浅红或浅黄颜色，同时内切面为暗红色，则表明鸭的质量较差。

搭配宜忌

 ✓ 鸭肉 + 金银花 = 滋润肌肤

 ✓ 鸭肉 + 干贝 = 提供丰富的蛋白质

 ✓ 鸭肉 + 豆豉 = 降脂减肥

 ✗ 鸭肉 + 鳖肉 = 导致水肿泄泻

专家点评

　　白萝卜含芥子油、淀粉酶和粗纤维，鸭肉搭配白萝卜同食，具有促进小儿消化吸收，增强食欲，加快胃肠蠕动和止咳化痰的作用。

鸭肉蔬菜萝卜卷

◑原料：

鸭肉140克，水发香菇45克，白萝卜100克，生菜65克

◑调料：

料酒、生抽、鸡粉、水淀粉、白糖、白醋、盐、食用油各适量

◑做法：

1.香菇、生菜、鸭肉切丝，白萝卜切片。

2.白萝卜装碗，加盐、白糖、白醋，腌渍片刻；鸭肉中加生抽、料酒、水淀粉，腌至入味。

3.用油起锅，倒鸭肉、香菇，加料酒、生抽、鸡粉、水淀粉，炒匀，盛出装盘，制成馅料。

4.取腌好的萝卜片，依次放入馅料、生菜，制成数个蔬菜卷，装入盘中即成。

专家点评

　　白玉菇含有蛋白质、多糖、维生素、磷、钾、钠等营养成分，搭配含锌的鸭肉同食，能够调节小儿新陈代谢，提高小儿免疫力、止咳化痰。

鸭肉炒菌菇

◑原料：

鸭肉170克，白玉菇100克，香菇60克，彩椒、圆椒各30克，姜片、蒜片各少许

◑调料：

盐、鸡粉、生抽、料酒、水淀粉、食用油各适量

◑做法：

1.香菇切片，白玉菇切去根部，彩椒、圆椒切条；鸭肉切条装碗，加盐、生抽、料酒、水淀粉、食用油，腌至入味。

2.开水锅中倒入香菇，略煮片刻，放入白玉菇、彩椒、圆椒，煮至断生后捞出，待用。

3.用油起锅，放姜、蒜，爆香，倒入鸭肉，炒匀，放入焯好的食材，加盐、鸡粉、水淀粉、料酒，炒匀调味，关火后盛出即成。

鸡蛋

『推荐烹调法』
煮、炒

▶含锌量：
蛋黄3.79毫克/100克，蛋白0.02毫克/100克

▶补锌原理：
缺锌的小儿可以食用鸡蛋补充每日所需的锌，可改善小儿营养不良、挑食、厌食的现象，促进小儿的生长发育。

营养成分

鸡蛋蛋白含有蛋白质、维生素B_2、烟酸、生物素和钙、磷、铁等物质；蛋黄含有丰富的维生素A和维生素D，且含有较高的铁、磷、硫和钙等矿物质。

营养功效

鸡蛋性平、味甘，具有滋阴润燥、养心安神的功效。鸡蛋黄中的卵磷脂、三酰甘油、胆固醇和卵黄素，对小儿神经系统和身体发育有很大的作用，其中卵磷脂被人体消化后，释放出的胆碱可改善小儿的记忆力。

温馨提示

挑选时应选择蛋壳清洁、完整、无光泽，壳上有一层白霜，色泽鲜明的鸡蛋；用手轻晃鸡蛋，无声且重量适当的为优质蛋。在20℃左右时，鸡蛋大概能存放一周，若放冰箱保存，则最多保鲜半个月。

搭配宜忌

 ✓ 鸡蛋 + 苦瓜 = 增进食欲、帮助消化

 ✓ 鸡蛋 + 干贝 = 增强人体免疫力

 ✗ 鸡蛋 + 兔肉 = 易致腹泻

 ✗ 鸡蛋 + 甲鱼 = 不利身体健康

补锌食谱

专家点评

西红柿含有苹果酸、柠檬酸、糖类、胡萝卜素、维生素C、B族维生素等成分，与营养丰富的鸡蛋搭配食用，能促进小儿食欲，帮助消化。

鸡蛋西红柿粥

原料：

水发大米110克，鸡蛋50克，西红柿65克

调料：

盐少许

做法：

1.洗好的西红柿切成丁；鸡蛋打入碗中，制成蛋液，备用。

2.砂锅中注水烧开，倒入大米，搅散。

3.烧开后用小火煮约30分钟，至大米熟软，倒入西红柿丁，搅拌均匀。

4.略煮片刻，至西红柿熟软，加入少许盐，搅匀调味。

5.倒入蛋液，煮至蛋花浮现，关火后盛出，装入碗中即成。

补锌食谱

专家点评

胡萝卜含有丰富的类胡萝卜素、淀粉、纤维素、维生素及矿物质，素有"小人参"之称。经常食用本品，可有效改善小儿胃肠功能，促进消化吸收。

鸡蛋蒸糕

原料：

鸡蛋2个，菠菜30克，洋葱35克，胡萝卜40克

调料：

盐2克，鸡粉少许，食用油4毫升

做法：

1.胡萝卜切片，洋葱剁成末；开水锅中依次将胡萝卜、菠菜焯好后捞出，放凉，剁成末。

2.鸡蛋打入碗中，加盐、鸡粉，拌匀，倒入胡萝卜末、菠菜末、洋葱末，注水拌匀，制成蛋液，注入食用油，静置片刻。

3.另取一碗，倒入蛋液，置于烧开的蒸锅中，用小火蒸约12分钟至熟透。

4.关火后揭盖，取出蒸好的菜肴即成。

猪肝

『推荐烹调法』
炒、煮

▶含锌量：
5.78毫克/100克

▶补锌原理：
猪肝的含锌量是内脏食物中较多的，与卵磷脂协调作用，不仅可以保护小儿视力，而且还能促进小儿的生长发育。

营养成分

猪肝含蛋白质、脂肪、维生素A、维生素B_1、维生素B_2、维生素B_{12}、维生素C以及微量元素等。

营养功效

常食猪肝可预防小儿眼睛干涩、疲劳，调节和改善贫血患儿造血系统的生理功能，还能帮助去除机体中的一些有毒成分。此外，猪肝中含有一般肉类食品中缺乏的维生素C和微量元素——硒，能提高小儿机体的免疫力。

温馨提示

新鲜的猪肝，颜色呈褐色或紫色，有光泽，其表面或切面没有水泡，用手接触可感到很有弹性。如果猪肝的颜色暗淡，没有光泽，其表面起皱、萎缩，闻起来有异味，则不新鲜。

搭配宜忌

 ✓ 猪肝 + 银耳 = 养肝、明目

 ✓ 猪肝 + 莲子 = 补脾健胃

 ✓ 猪肝 + 洋葱 = 增强免疫力

 ✗ 猪肝 + 雀肉 = 消化不良

补锌食谱

专家点评

银耳含有蛋白质、钙、磷、铁、钾、锌等营养物质，搭配猪肝同食，能改善缺锌儿童厌食、异食等不良饮食习惯，增加食欲、助消化。

银耳猪肝汤

◖原料：

水发银耳、小白菜各20克，猪肝50克，葱段、姜片各少许

◖调料：

盐3克，生粉2克，酱油3毫升，食用油适量

◖做法：

1.猪肝装碗，加盐、生粉、酱油，拌匀，腌制片刻。

2.银耳切去根部，切小块；小白菜切段。

3.热锅注油烧热，放姜片、葱段，爆香，注清水烧开，放入银耳、猪肝，煮至熟。

4.放入小白菜，煮至软，加2克盐，拌匀调味。

5.关火后盛出煮好的猪肝汤，装碗即成。

补锌食谱

专家点评

猪肝含有蛋白质、维生素A、维生素C、抗坏血酸、磷、铁、锌等营养成分，与可助消化的豌豆同食，对小儿有增强免疫力、维持正常视力等功效。

豌豆猪肝汤

◖原料：

猪肝240克，豌豆80克，姜片少许

◖调料：

盐、鸡粉各2克，生抽3毫升，料酒4毫升，水淀粉、胡椒粉各适量

◖做法：

1.处理干净的猪肝切开，再切成片。

2.把猪肝装入碗中，加入1克盐、4毫升料酒、适量水淀粉，搅拌均匀，备用。

3.锅中注水烧开，放入姜片，倒入豌豆，加入1克盐、3毫升生抽，略煮片刻。

4.倒入猪肝，搅匀，加入鸡粉、胡椒粉，搅拌片刻，至食材入味，撇去汤中浮沫。

5.关火后盛出煮好的豌豆猪肝汤，装入碗中即成。

羊肝

『推荐烹调法』
炒、煮

▶含锌量：
3.45毫克/100克

▶补锌原理：
羊肝中的含锌量能满足小儿每日所需，对促进小儿味觉正常发育，防治厌食、异食等缺锌导致的疾病有辅助食疗作用。

营养成分

羊肝含蛋白质、脂肪、糖类、维生素A、维生素B_1、维生素C、烟酸以及钙、磷、铁等。

营养功效

羊肝具有养肝、明目、补血、清虚热的功效。羊肝中富含的维生素B_2是小儿机体新陈代谢中许多酶和辅酶的组成部分，能促进机体的代谢；羊肝中还含有丰富的维生素A，可预防小儿夜盲症和视力减退。

温馨提示

如果需要达到更佳的补益效果，宜选购青色山羊肝。羊肝放入冰箱冷藏，不宜超过一个星期。羊肝异味较大，所以在烹饪时应尽量煮透，还要注意不要煮得太老，以免影响其滑嫩鲜美的口感。

搭配宜忌

 ✔ 羊肝 + 菠菜 = 恢复活力

 ✔ 羊肝 + 枸杞 = 养肝明目

 ✔ 羊肝 + 韭菜 = 滋养肝肾

 ✘ 羊肝 + 竹笋 = 引起中毒

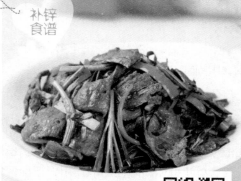

韭菜炒羊肝

◖原料:

韭菜120克,姜片20克,羊肝250克,红椒45克

◖调料:

盐、鸡粉、生粉、料酒、生抽、食用油各适量

◖做法:

1.韭菜切成段；红椒切开去子,切成条。

2.羊肝切片,装入碗中,放姜片、料酒、盐、鸡粉、生粉,腌至入味。

3.开水锅中放入羊肝,汆去血水,捞出。

4.用油起锅,倒入羊肝,加入料酒、生抽,炒匀,倒入韭菜、红椒,炒匀。

5.加入盐、鸡粉,快速翻炒至食材熟透。

6.盛出炒好的菜肴,装入盘中即成。

专家点评

　　羊肝含有的维生素B₂是人体新陈代谢时许多酶和辅酶的组成部分,能促进机体的代谢。此外,食用羊肝能达到提高免疫力、强身健体等功效。

枸杞羊肝汤

◖原料:

羊肝200克,枸杞10克,姜丝、葱花各少许

◖调料:

盐、鸡粉各2克,料酒10毫升,胡椒粉、食用油各适量

◖做法:

1.羊肝切成片；锅中注水烧开,放入羊肝片,煮至沸,汆去血水,捞出。

2.砂锅中注水烧开,放入姜丝、枸杞。

3.倒入羊肝,淋入料酒,搅拌匀。

4.盖上盖,烧开后用小火煮20分钟。

5.揭开盖,放入盐、鸡粉、胡椒粉、食用油,搅匀,至食材入味。

6.盛出煮好的羊肝汤,撒上葱花即成。

专家点评

　　枸杞含有甜菜碱、胡萝卜素、维生素B₁、维生素B₂、烟酸、维生素C、钙、磷、铁及多种氨基酸,搭配羊肝同食,能帮助小儿改善记忆力、润肺、明目。

鸭肝

『推荐烹调法』
炖、炒

▶含锌量：
3.08毫克/100克

▶补锌原理：
鸭肝是鸭体内储存养料和解毒的重要器官，其所含的锌能为小儿机体生长发育保驾护航，同时促进其味觉发育。

营养成分

鸭肝含有糖类、脂肪、蛋白质、维生素A、维生素C、维生素E、胆固醇、镁、钙、铁、锌等。

营养功效

鸭肝中维生素A的含量远远超过奶、蛋、肉、鱼等食品，具有调节小儿机体新陈代谢的作用，还能保护眼睛，维持小儿正常视力，防止眼睛干涩、疲劳；且能维护健康的肤色，保护小儿皮肤健康。

温馨提示

动物肝是体内最大的毒物中转站和解毒器官，所以买回的鲜肝不要急于烹调。应把鸭肝放在自来水龙头下冲洗10分钟，然后放在水中浸泡30分钟；烹调时间不能太短，应使鸭肝完全变成灰褐色，看不到血丝才好。

搭配宜忌

 ✔ 鸭肝 + 菠菜 = 补血

 ✔ 鸭肝 + 西红柿 = 明目

 ✔ 鸭肝 + 黄豆芽 = 利湿、清热

 ✘ 鸭肝 + 山楂 = 破坏维生素C

补锌食谱

专家点评

鸭肝含有维生素A、维生素B₂，能很好地保护眼睛，维持正常视力，防止眼睛干涩、疲劳；搭配白芝麻同食，对小儿有开胃消食的功效。

白芝麻鸭肝

原料：

熟鸭肝130克，鸡蛋1个，白芝麻15克，姜末少许

调料：

盐、鸡粉各2克，面粉5克，食用油适量

做法：

1.熟鸭肝剁成末；鸡蛋取蛋清、蛋黄分别装碗，打散；取一大碗，倒入鸭肝、姜末。

2.放盐、鸡粉，拌匀，倒少许蛋清、面粉，快速搅拌均匀，倒入余下的蛋清，搅匀。

3.取一盘，放入鸭肝，压成饼，分次涂上蛋黄，蘸上白芝麻，制成鸭肝饼生坯。

4.热锅注油烧热，放入鸭肝饼生坯，炸至金黄色，捞出，切成小块，装盘即成。

补锌食谱

专家点评

鸭肝含有维生素A、维生素B₂、维生素C、钾、钠、磷、硒、镁等营养成分，经常食用，有助于缺锌小儿保护视力、提高免疫力。

鸭肝豌豆苗汤

原料：

鸭肝130克，豌豆苗90克，姜片少许

调料：

盐、鸡粉、胡椒粉各2克，食用油适量

做法：

1.洗净的姜片拍碎，切成碎末。

2.洗好的鸭肝切片，改切成小块，备用。

3.锅中注入适量清水烧开，加入适量食用油、盐、鸡粉，搅匀。

4.撒上姜末，倒入鸭肝，拌匀，用大火煮至变色，加入胡椒粉，拌匀。

5.待鸭肝八九成熟时，倒入洗净的豌豆苗，搅拌匀，煮至熟软。

6.关火后盛出汤料，装入碗中即成。

鸡心

『推荐烹调法』
炒、蒸

▶含锌量：
1.94毫克/100克

▶补锌原理：
鸡心含有小儿生长发育所需的锌，适当食用，对消瘦、免疫力低下、记忆力下降、生长发育停滞的儿童有食疗作用。

营养成分

鸡心含有蛋白质、脂肪、糖类、胆固醇、维生素A、钙、磷、钾、钠、镁、硒、铜、锰等。

营养功效

鸡心营养丰富，能维持小儿正常体温，促进脂溶性维生素的吸收，增加饱腹感。鸡心富含铜元素，铜是人体健康不可缺少的微量营养素，对头发、皮肤和骨骼组织以及脑髓、肝、心等内脏的发育和功能运转有重要影响。

温馨提示

鸡心色紫红，呈锥形，质韧，外表附有油脂和筋络，内含污血，须漂洗后才可使用。若新鲜鸡心暂不食用，洗净后用少许盐腌制，放入冰箱保存；若无冰箱，放入密封的罐中也可。鸡心不能放置太久，宜尽快食用。

搭配宜忌

✓ 鸡心 + 蒜薹 = 润肠

✓ 鸡心 + 黄瓜 = 减肥

✓ 鸡心 + 菊花 = 安神

✗ 鸡心 + 李子 = 腹泻

专家点评

花甲含有蛋白质、牛磺酸、维生素、铁、钙、磷、碘等营养成分，与鸡心同食，有止咳化痰之效，对小儿咳嗽有很好的食疗作用。

花甲炒鸡心

原料:

花甲350克，鸡心180克，姜片、蒜末、葱段各少许

调料:

盐、鸡粉、料酒、生抽、水淀粉、食用油各适量

做法:

1. 鸡心切片装碗，加盐、鸡粉、料酒、水淀粉，拌匀，腌渍片刻。
2. 开水锅中倒鸡心，氽去血水，捞出待用。
3. 炒锅注油烧热，倒入姜片、蒜末、葱段、爆香，倒入鸡心、料酒，炒匀，放入花甲、生抽，快速翻炒均匀。
4. 加入盐、鸡粉、水淀粉，炒至食材入味，关火后盛出炒好的菜肴即成。

专家点评

青椒的营养价值较高，富含维生素C，可增进小儿食欲；搭配含锌的鸡心同食，能增强小儿的抗病能力，预防感冒、发热等病症。

尖椒炒鸡心

原料:

鸡心100克，青椒60克，红椒15克，姜片、蒜末、葱段各少许

调料:

豆瓣酱、盐、鸡粉、料酒、生抽、水淀粉、食用油各适量

做法:

1. 青椒、红椒切小块；鸡心切块装碗，加盐、鸡粉、料酒、水淀粉，腌至入味。
2. 开水锅中加油，分别将青椒、红椒与鸡心焯好后捞出；用油起锅，放姜、蒜、葱，爆香。
3. 倒入鸡心，加料酒、豆瓣酱、生抽，炒香，放红椒、青椒，炒匀，加盐、鸡粉、水淀粉，炒匀调味，关火后盛出即成。

猪肚

『推荐烹调法』
炒、煮、炖

▶含锌量:
1.92毫克/100克

▶补锌原理:
缺锌将直接造成小儿免疫力低下，食用猪肚可补充充足的锌，改善小儿体弱多病的体质，提高小儿的抗病能力。

营养成分

猪肚中含有大量的钙、钾、钠、镁、铁等元素和维生素A、维生素E、蛋白质、脂肪等成分。

营养功效

猪肚不仅味美，而且有很好的药用价值。猪肚味甘、性微温，归脾、胃经，具有补虚损、健脾胃的功效，可用于小儿脾虚腹泻、虚劳瘦弱、小儿疳积、尿频或遗尿等病症。

温馨提示

新鲜的猪肚富有弹性和光泽，白色中略带些浅黄色，黏液多，质地紧而厚实；不新鲜的猪肚，白中带青，无弹性和光泽，黏液少，肉质松软。如将猪肚翻开，内部有硬的小疙瘩，为病灶点，不宜选购食用。猪肚不宜储存，应即买即食。

搭配宜忌

 ✔ 猪肚 + 生姜 = 阻止胆固醇的吸收

 ✔ 猪肚 + 糯米 = 益气补中

 ✘ 猪肚 + 樱桃 = 易引起消化不良

 ✘ 猪肚 + 杨梅 = 引起中毒

专家点评

猪肚中含有大量的钙、钾、钠、镁、铁等矿物元素和维生素A、维生素E、蛋白质、脂肪等，能促进小儿机体的新陈代谢，提高小儿免疫力。

荷兰豆炒猪肚

原料：

熟猪肚150克，荷兰豆100克，洋葱40克，彩椒35克，姜片、蒜末、葱段各少许

调料：

盐3克，鸡粉2克，料酒10毫升，水淀粉、生抽各5毫升，食用油适量

做法：

1.将洋葱切条，彩椒切块，熟猪肚切片。

2.开水锅中倒入荷兰豆、洋葱、彩椒，焯煮断生后捞出，待用。

3.用油起锅，放入姜片、蒜末、葱段，爆香，倒入猪肚，淋入料酒、生抽，炒匀调味，放入荷兰豆、洋葱、彩椒，炒匀。

4.加鸡粉、盐、水淀粉，炒匀，盛出即成。

专家点评

黄花菜含有蛋白质、维生素、胡萝卜素、卵磷脂、钙、磷等成分，具有健脑、抗衰老的功效，对注意力不集中、记忆力减退、脑动脉阻塞等症状有食疗功效。

黄花菜猪肚汤

原料：

熟猪肚140克，水发黄花菜200克，姜末、葱花各少许

调料：

盐、鸡粉各3克，料酒8毫升

做法：

1.熟猪肚切成条，黄花菜去蒂，备用。

2.砂锅中注水烧开，放入切好的猪肚、姜末，淋入料酒，用小火煮20分钟。

3.倒入黄花菜，搅匀，续煮15分钟，至全部食材熟透。

4.加入盐、鸡粉，搅匀调味。

5.关火后盛出煮好的汤料，装入碗中，撒上葱花即成。

猪心

『推荐烹调法』
炒、煮

▶含锌量：
1.9毫克/100克

▶补锌原理：
缺锌小儿因厌食所致营养不良、身体羸弱，可以通过食用含锌量较多的猪心达到食疗的效果，提高味觉能力。

营养成分

猪心含有蛋白质、脂肪、钙、磷、铁、锌、维生素B_1、维生素B_2、维生素C以及烟酸等营养成分。

营养功效

猪心营养丰富，具有补虚、安神定惊、养心补血的功效，对加强小儿心肌营养，增强心肌收缩力有很大的作用。猪心虽不能完全改善小儿心脏器质性病变，但有利于功能性或神经性心脏疾病的痊愈。

温馨提示

新鲜的猪心呈淡红色，脂肪呈乳白色或微红色，组织结实有弹性，湿润，用力挤压时有鲜红的血液或血块排出，气味正常；不新鲜的猪心呈红褐色，脂肪污红或呈灰绿色，血不凝固，挤压不出血液，表面干缩，组织松软无弹性。

搭配宜忌

 ✔ 猪心 + 灵芝 = 养心安神

 ✔ 猪心 + 当归 = 补气血

 ✘ 猪心 + 吴茱萸 = 中毒

 ✘ 猪心 + 香菜 = 耗气伤神

补锌食谱

专家点评

丝瓜含有蛋白质、糖类、钙、磷、铁、维生素B$_1$、维生素C，与猪心同食，不仅能增进小儿食欲，还可使小儿皮肤洁白、细嫩。

丝瓜炒猪心

原料：

丝瓜120克，猪心110克，胡萝卜片、姜片、蒜末、葱段各少许

调料：

盐3克，鸡粉2克，蚝油5毫升，料酒4毫升，水淀粉、食用油各适量

做法：

1.去皮丝瓜切成小块；猪心切片装碗，加盐、鸡粉、料酒、水淀粉，腌至入味。

2.开水锅中分别将丝瓜、猪心氽煮好后捞出；用油起锅，倒胡萝卜片、姜片、蒜末、葱段，爆香。

3.放丝瓜、猪心，炒匀，加蚝油、鸡粉、盐、水淀粉，炒至食材入味，关火后盛出即成。

补锌食谱

专家点评

猪心含有蛋白质、钙、磷、铁、维生素B$_1$、维生素B$_2$、维生素C、烟酸等营养成分，能加强心肌营养，增强心肌收缩力，对缺锌的小儿有很好的补益功效。

猪心炒包菜

原料：

猪心、包菜各200克，彩椒50克，蒜片、姜片各少许

调料：

盐、鸡粉、蚝油、料酒、生抽、生粉、水淀粉、食用油各适量

做法：

1.彩椒切丝，包菜撕小块；猪心切片装碗，加盐、鸡粉、料酒、生粉，腌至入味。

2.开水锅中倒入包菜，略煮片刻，捞出；沸水锅中再倒入猪心，氽至变色，捞出。

3.用油起锅，放入姜片、蒜片，爆香，倒入包菜、猪心、彩椒，炒匀。

4.加蚝油、生抽、盐、水淀粉，炒匀调味，盛出炒好的菜肴，装盘即成。

鲈鱼

『推荐烹调法』
蒸、煮

▶含锌量：
2.83毫克/100克

▶补锌原理：
鲈鱼是锌含量丰富的近海淡水鱼，味道鲜美，小儿常食鲈鱼不仅能促进味觉正常发育，还能增强小儿抵抗力。

营养成分

鲈鱼富含蛋白质、维生素A、维生素C、B族维生素、钙、镁、锌、硒等营养元素。

营养功效

鲈鱼具有健脾益肾、补气、健身补血等功效，对腹泻、腹痛、厌食、贫血的小儿以及小儿伤口难愈合等有食疗作用。鲈鱼中丰富的蛋白质、钙、磷等营养成分，对儿童的骨骼发育也有益。

温馨提示

新鲜的鲈鱼，鱼身偏青色，鱼鳞有光泽、透亮，翻开鱼鳃呈鲜红色，表皮及鱼鳞无脱落，鱼眼清澈透明不混浊，无损伤痕迹；用手指按一下鱼身，富有弹性。若冷藏，则需在1～2天内食用完。

搭配宜忌

 ✔ 鲈鱼＋姜＝补虚养身、健脾开胃

 ✔ 鲈鱼＋胡萝卜＝延缓衰老

 ✔ 鲈鱼＋南瓜＝预防感冒

 ✘ 鲈鱼＋蛤蜊＝导致铜、铁的流失

鲈鱼嫩豆腐粥

◑ 原料：

鲜鲈鱼100克，嫩豆腐90克，大白菜85克，大米60克

◑ 调料：

盐少许

◑ 做法：

1.豆腐切小块，鲈鱼取肉，大白菜剁末。

2.取榨汁机，选择干磨刀座组合，倒入大米，选择"干磨"功能，磨成米碎。

3.将鱼肉在蒸锅中蒸熟后取出，剁成末。

4.汤锅中注水，倒入米碎、鱼肉泥，加白菜末，拌煮2分钟至食材熟透。

5.加入盐、豆腐，煮至熟透，关火后盛出煮好的米糊，装入碗中即成。

补锌食谱

专家点评

鲈鱼富含蛋白质、维生素、不饱和脂肪酸，肉质鲜嫩，容易消化吸收；其所含的锌可提高脑细胞活力，增强宝宝的记忆力、反应力与学习能力。

柠香鲈鱼

◑ 原料：

鲈鱼350克，柠檬45克，彩椒20克，姜片、葱条各少许

◑ 调料：

盐3克

◑ 做法：

1.柠檬汁挤入碗中，取部分葱切成细丝。

2.彩椒切丝，鲈鱼切上花刀，备用。

3.取蒸盘，放入鲈鱼，撒上盐，抹匀，将姜片、葱条、葱塞入鱼腹中，淋上柠檬汁，腌渍10分钟，至其入味，备用。

4.蒸锅上火烧开，放入蒸盘，用中火蒸约15分钟至熟，取出姜片和葱条。

5.点缀上葱丝、彩椒丝即成。

补锌食谱

专家点评

鲈鱼搭配开胃的柠檬同食，可有效帮助缺锌小儿改善厌食、异食的情况，促进胃肠道的消化、吸收，缓解营养不良对小儿造成的影响。

鲤鱼

『推荐烹调法』
炒、蒸、煮

▶ 含锌量：
2.08毫克/100克
▶ 补锌原理：
锌与人体的生长发育、新陈代谢有着密不可分的关系，鲤鱼含锌量充足，经常食用可防治锌缺乏所致的疾病。

营养成分

鲤鱼富含多种维生素、矿物质、组织蛋白酶A、组织蛋白酶B、组织蛋白酶C、谷氨酸、甘氨酸、组氨酸等成分。

营养功效

鲤鱼具有健胃、滋补、利水之功效，小儿食用鲤鱼能止咳平喘。此外，鲤鱼眼睛有黑发、悦颜、明目的作用。鲤鱼含有不饱和脂肪酸，有促进小儿大脑发育的作用，还能很好地预防小儿肥胖。

温馨提示

鲤鱼体呈纺锤形、青黄色，最好的鱼游在水的下层，呼吸时鳃盖起伏均匀。在鲤鱼的鼻孔滴一两滴白酒，然后把鱼放在篮子里，上面盖一层湿布，在两三天内鱼不会死去；也可将鱼除去内脏，不水洗、不刮磷，用盐水浸泡保存。

搭配宜忌

 ✅ 鲤鱼 + 天麻 = 治疗疼痛

 ✅ 鲤鱼 + 黄瓜 = 补气养血

 ✅ 鲤鱼 + 红豆 = 利水作用强

 ❌ 鲤鱼 + 甘草 = 易引起中毒

补锌食谱

专家点评

鲤鱼蛋白质含量高、质量佳，而且消化吸收率高，还含有矿物质、维生素A和维生素D等营养成分，有利于小儿改善脾胃功能，帮助消化。

紫苏烧鲤鱼

◑ 原料：

鲤鱼1条，紫苏叶30克，姜片、蒜末、葱段各少许

◑ 调料：

盐4克，鸡粉3克，生粉20克，生抽5毫升，水淀粉10毫升，食用油适量

◑ 做法：

1.紫苏叶切段；鲤鱼加盐、鸡粉、生粉，腌渍片刻，放入热油锅中，略炸后捞出。

2.锅底留油，放姜、蒜、葱，爆香，加入清水、生抽、盐、鸡粉，放入鲤鱼，煮2分钟，倒紫苏叶，续煮片刻，捞出装盘。

3.将锅中余下的汤汁加热，淋入水淀粉勾芡，调成芡汁，浇在鱼身上即成。

补锌食谱

专家点评

鲤鱼与醋搭配，可为鱼肉提鲜。另外，醋可以开胃，能促进小儿唾液和胃液的分泌，帮助消化吸收，使其食欲旺盛，可消食化积。

糖醋鲤鱼

◑ 原料：

鲤鱼550克，蒜末、葱丝各少许

◑ 调料：

盐2克，白糖6克，白醋10毫升，番茄酱、水淀粉、生粉、食用油各适量

◑ 做法：

1.鲤鱼切上花刀，备用。

2.热锅注油烧热，将鲤鱼裹上生粉，放入其中，用小火炸至两面熟透，捞出装盘。

3.锅底留油，倒入蒜末，爆香，注入清水，加入盐、白醋、白糖，搅拌匀。

4.加入番茄酱、水淀粉，搅拌至汤汁浓稠。

5.关火后盛出煮好的汤汁，浇在鱼身上，点缀上葱丝即成。

黄鳝

『推荐烹调法』
炒、煮

▶含锌量:
1.97毫克/100克

▶补锌原理:
黄鳝能改善小儿因缺锌所致的身材矮小、易感冒的现象,因为黄鳝中的锌能参与骨骼发育、促进白细胞增强。

营养成分

黄鳝富含蛋白质、钙、磷、铁、锌、烟酸、维生素B$_1$、维生素B$_2$及少量脂肪。

营养功效

黄鳝具有补气养血、去风湿、强筋骨、壮阳等功效,对降低小儿血液中胆固醇的浓度,预防小儿因肥胖引起的多种疾病有显著的食疗作用,还可改善小儿体虚、贫血等症状。

温馨提示

黄鳝要挑选大而肥、体色为灰黄色的活黄鳝。黄鳝最好现杀现烹,不要吃死黄鳝,特别是不宜食用死过半天以上的黄鳝,因为黄鳝死后会产生组胺,食后易引起中毒。黄鳝属于比较有力的水产类,宰杀时最好先把头部用刀背拍一下,这样比较容易宰杀。

搭配宜忌

 ✔ 黄鳝 + 苹果 = 治疗腹泻

 ✔ 黄鳝 + 金针菇 = 补中益血

 ✔ 黄鳝 + 韭菜 = 口感好、提高免疫力

 ✘ 黄鳝 + 黄瓜 = 降低营养

补锌食谱

专家点评

鳝鱼含有的脑黄金、卵磷脂是构成人体各器官组织细胞膜的主要成分，而且是脑细胞发育不可缺少的营养成分，常吃鳝鱼有利于小儿智力发育。

绿豆芽炒鳝丝

原料：

绿豆芽40克，鳝鱼90克，青椒、红椒各30克，姜片、蒜末、葱段各少许

调料：

盐、鸡粉各3克，料酒6毫升，水淀粉、食用油各适量

做法：

1.红椒、青椒切丝；鳝鱼切丝装碗，加鸡粉、盐、料酒、水淀粉、食用油，腌至入味。

2.用油起锅，放入姜片、蒜末、葱段，大火爆香。

3.倒入青椒、红椒、鳝鱼丝，翻炒均匀。

4.加入料酒，放入绿豆芽，加盐、鸡粉、水淀粉，炒匀调味，盛出装盘即成。

补锌食谱

专家点评

鳝鱼含有维生素A，可以增强视力，对夜盲症和视力减退有食疗作用，因含有较多的锌，可起到预防小儿呼吸系统感染的作用。

薏米鳝鱼汤

原料：

鳝鱼120克，水发薏米65克，姜片少许

调料：

盐、鸡粉各3克，料酒3毫升

做法：

1.鳝鱼切小块，装入碗中，加1克盐、1克鸡粉、料酒，腌渍10分钟至入味。

2.汤锅中注水烧开，放入薏米，搅匀，烧开后用小火煮20分钟，至薏米熟软。

3.放入鳝鱼，搅匀，加入少许姜片，用小火续煮15分钟，至食材熟烂。

4.放入2克盐、2克鸡粉，拌匀调味。

5.盛出煮好的鳝鱼汤，装入碗中即成。

牡蛎

『推荐烹调法』
煮、炒

▶含锌量：
9.39毫克/100克

▶补锌原理：
牡蛎又称为"海里的牛奶"，富含人体不能自身合成的锌，可提高机体的锌镉比例，促进锌的吸收，起到护脑、健脑的作用。

营养成分

牡蛎含有灰分、糖类、维生素、钾、钠、钙、镁、铁、锰、锌、铜、磷、硒、维生素B_3等。

营养功效

牡蛎的肝糖元存在于储藏能量的肝脏与肌肉中，与细胞的分裂、再生及红血球的活性化都有关联，可以提高小儿肝功能、消除疲劳、增强体力。此外，牡蛎中所含有的牛磺酸可以促进小儿胆汁分泌，排除堆积在肝脏中的中性脂肪。

温馨提示

选购牡蛎时应注意选体大肥实，颜色淡黄，个体均匀，而且干燥，表面颜色褐红的。煮熟的牡蛎，壳稍微打开，这表示煮之前是活的，因为活牡蛎，煮的时候有反应，故贝壳张开，而死的则没有反应。

搭配宜忌

 ✔ 牡蛎 + 蒜蓉 = 去腥提鲜

 ✔ 牡蛎 + 海带 = 止汗

 ✘ 牡蛎 + 山竹 = 降低锌的吸收率

 ✘ 牡蛎 + 蚕豆 = 引起腹泻或中毒

韭黄炒牡蛎

❶原料：

牡蛎肉400克，韭黄200克，彩椒50克，姜片、蒜末、葱花各少许

❶调料：

生粉15克，生抽8毫升，鸡粉、盐、料酒、食用油各适量

❶做法：

1.韭黄切段；彩椒切条，装入盘中；牡蛎肉装碗，加料酒、鸡粉、盐、生粉，拌匀。

2.开水锅中倒入牡蛎，略煮片刻后捞出。

3.热锅注油烧热，放入姜片、蒜末、葱花、爆香，倒入牡蛎，淋生抽、料酒提味，放入彩椒、韭黄段，翻炒均匀。

4.加鸡粉、盐，炒匀，关火后盛出即成。

专家点评

牡蛎中含有的蛋白质、肝糖元、牛磺酸、维生素、钙、锌等营养成分，具有宁心安神、益智健脑的功效，适合小儿长期食用。

白菜牡蛎粉丝汤

❶原料：

大白菜180克，水发粉丝200克，牡蛎肉150克，姜丝、葱花各少许

❶调料：

盐3克，鸡粉2克，胡椒粉、料酒、食用油各适量

❶做法：

1.大白菜切成丝，粉丝切成段。

2.开水锅中加入食用油、姜片、料酒，倒入牡蛎肉、大白菜，烧开后煮3分钟。

3.放入盐、鸡粉、胡椒粉，拌匀，倒入粉丝，用大火煮至沸腾。

4.把煮好的汤料盛出，装入碗中，再撒上少许葱花即成。

专家点评

白菜含有丰富的粗纤维，不但能起到润肠、促进排毒的作用，还能刺激肠胃蠕动、帮助消化，对预防小儿便秘有良好的食疗作用。

三文鱼

『推荐烹调法』
烧、炖、蒸

▶含锌量：
4.3毫克/100克

▶补锌原理：
三文鱼所含的锌能促进维
生素A吸收，平时维生素
A储存在肝脏中，靠锌的
"动员"进入血液，起到
改善视力的作用。

营养成分

三文鱼富含蛋白质、维生素A、B族维生素、维生素E，还含有锌、硒、铜、锰等矿物质及与免疫功能有关的酵素等营养成分。

营养功效

三文鱼含有的不饱和脂肪酸是维持细胞正常生理功能不可缺少的元素；其还含有一种叫做虾青素的物质，有很强的抗氧化作用，是脑部、视网膜及神经系统发育必不可少的物质，有增强脑功能，预防视力减退的功效。

温馨提示

新鲜的三文鱼，鱼肉有光泽，有弹性，呈鲜明的橘红色。其颜色和营养价值成正比，橘红色越深，含有的虾青素越多，营养也更丰富。三文鱼用保鲜膜包住，放在冰箱冷藏可保存1～2天，需要尽快食用完。

搭配宜忌

 ✓三文鱼 + 芥末 = 除腥、补充营养

 ✓三文鱼 + 柠檬 = 利于营养的吸收

 ✓三文鱼 + 西红柿 = 抗衰老

 ✗三文鱼 + 竹笋 = 易过敏

专家点评

芦笋含有多种氨基酸、维生素以及硒、钼、铬、锰等营养成分，与三文鱼同食，具有调节小儿机体代谢、提高免疫力、增进食欲、帮助消化等功效。

奶香果蔬煎三文鱼

❶ 原料：

三文鱼160克，芦笋35克，圣女果50克，巴旦木仁25克，奶油30克

❶ 调料：

料酒、生粉、盐、黑胡椒粉、橄榄油各适量

❶ 做法：

1. 将芦笋切段，圣女果对半切开，备用。
2. 三文鱼装碗，加料酒、盐、黑胡椒粉，腌至入味，备用。
3. 煎锅中注入橄榄油烧热，倒入芦笋，煎出香味，盛出装盘，摆放整齐；锅中再放入巴旦木仁，炒香后盛出。
4. 锅底留油烧热，把鱼肉裹上生粉，放入锅中，煎至两面熟透，盛出，摆入盘中。
5. 加上奶油、巴旦木仁、圣女果即成。

专家点评

三文鱼含有不饱和脂肪酸、维生素D、铁、磷、钠、锌等营养成分，小儿长期食用可起到健脾暖胃、强身健脑、预防视力减退等功效。

牛油果三文鱼芒果沙拉

❶ 原料：

三文鱼肉260克，牛油果100克，芒果300克，柠檬30克

❶ 调料：

沙拉酱适量

❶ 做法：

1. 牛油果、芒果、三文鱼切开，用模具压出圆饼状，部分薄片切丁；柠檬部分切薄片。
2. 取一盘，放入牛油果片，挤入沙拉酱；再放入牛油果丁，铺开、摊平。
3. 挤沙拉酱，放芒果片，叠好；再挤沙拉酱，放芒果丁，铺平，盖上三文鱼肉片。
4. 另取一盘，摆入三文鱼沙拉，放上柠檬片，浇上柠檬汁即成。

虾米

『 推荐烹调法 』
炒、煮

▶含锌量：
3.82毫克/100克

▶补锌原理：
处于生长发育期的小儿缺锌，会导致发育不良、厌食、肠道菌群失衡，甚至出现异食。虾米中的锌能有效改善此类症状。

营养成分

虾米富含蛋白质、脂肪、谷氨酸、维生素B_1、维生素B_2、烟酸以及钙、磷、铁、硒等。

营养功效

虾具有补肾、壮阳之功效，对先天不足的小儿有很好的食疗作用，可以改善小儿四肢不温、抵抗力弱的症状。虾的钙含量丰富，能满足小儿快速发育对钙的需求。另外，其所含有的微量元素硒能有效预防癌症。

温馨提示

新鲜的虾体形完整，呈青绿色，外壳硬实、发亮，头、体紧紧相连，肉质细嫩，有弹性、有光泽。虾宜鲜食，若要保存，可将虾的沙肠挑出，剥除虾壳，然后洒上少许酒，控干水分，再放进冰箱冷冻，需食用时用清水解冻即可。

搭配宜忌

 ✓ 虾米 + 枸杞 = 补肾壮阳

 ✓ 虾米 + 豆腐 = 利于消化

 ✓ 虾米 + 西蓝花 = 补脾和胃

 ✗ 虾米 + 西红柿 = 易中毒

专家点评

佛手瓜在瓜类蔬菜中营养全面，维生素和矿物质含量也明显高于其他瓜类，搭配虾米同食，不仅对增强小儿抵抗疾病的能力有益，还有助于小儿智力发育。

佛手瓜炒虾米

◖**原料：**

佛手瓜100克，虾米30克，蒜末、葱段各少许

◖**调料：**

盐4克，鸡粉2克，陈醋6毫升，水淀粉4毫升，食用油适量

◖**做法：**

1.洗净去皮的佛手瓜切成片，倒入开水锅中，焯煮至八成熟，捞出待用。

2.用油起锅，放入蒜末、葱段，爆香，倒入虾米、佛手瓜，快速翻炒均匀。

3.加入盐、鸡粉、陈醋，炒匀，倒入水淀粉，炒匀调味。

4.盛出炒好的菜肴，装入盘中即成。

专家点评

葫芦瓜中含有蛋白质、多种微量元素以及丰富的维生素C，与虾米同食，能促进抗体的合成，提高机体抗病毒能力，缺锌所致的免疫力低下的儿童可常食。

葫芦瓜炒虾米

◖**原料：**

葫芦瓜270克，彩椒80克，虾米20克，蒜末、葱段各少许

◖**调料：**

盐3克，鸡粉2克，料酒10毫升，蚝油8毫升，水淀粉5毫升，食用油适量

◖**做法：**

1.去皮葫芦瓜切成片，彩椒切成小块。

2.锅中注水烧开，加1克盐、食用油，倒入葫芦瓜、彩椒，煮半分钟，捞出待用。

3.用油起锅，放蒜末、葱段，爆香，倒入虾米，淋入料酒，炒匀炒香。

4.倒葫芦瓜、彩椒，炒匀，加2克盐、鸡粉、蚝油、水淀粉，炒匀，盛出即成。

鱿鱼

『推荐烹调法』
炒、煮

▶含锌量：
1.36毫克/100克

▶补锌原理：
缺锌会导致味觉敏感度下降，出现厌食、偏食、异食、肠道菌群失衡等现象，适当的食用鱿鱼，可改善孩子此类症状。

营养成分

鱿鱼的营养价值非常高，其含有丰富的蛋白质、钙、牛磺酸、磷、锌、维生素B$_1$等多种人体所需的营养成分。

营养功效

鱿鱼具有补虚养气、滋阴养颜等功效，可降低小儿血液中胆固醇的浓度、调节血压、保护神经纤维、活化细胞，对预防小儿血管硬化、胆结石的形成，补充脑力等有一定的食疗功效。

温馨提示

优质鱿鱼体形完整，呈粉红色，有光泽，体表略现白霜，肉肥厚，半透明，背部不红。鱿鱼应放在干燥通风处保存，受潮应立即晒干，否则易生虫、霉变。鱿鱼是发物，患有湿疹、荨麻疹的儿童应忌食。

搭配宜忌

 ✅ 鱿鱼 + 虾 = 抵抗寒冷

 ✅ 鱿鱼 + 菠萝 = 促进儿童生长

 ✅ 鱿鱼 + 青椒 = 促进消化

 ❌ 鱿鱼 + 茶叶 = 影响蛋白质的吸收

补锌食谱

专家点评

花菜维生素C的含量较为丰富，搭配鱿鱼同食，能提高机体的免疫力，对预防感冒、发热等小儿常见病有益，处于成长阶段的儿童可常食。

鱿鱼丸子

◑ 原料：

鱿鱼120克，花菜130克，洋葱100克，南瓜80克，肉末90克，葱花少许

◑ 调料：

盐、鸡粉各少许，生粉10克，黑芝麻油2毫升，叉烧酱20克，水淀粉、食用油各适量

◑ 做法：

1.花菜、南瓜切小块，洋葱剁成末，鱿鱼剁成泥；开水锅中加盐、油、鸡粉，分别将花菜、南瓜焯好后捞出。

2.鱿鱼肉装碗，加肉末、盐、鸡粉、生粉、洋葱末、黑芝麻油、葱花，制成肉丸，放入沸水锅中，煮至熟透，捞出。

3.将花菜、南瓜装盘摆好，放上肉丸。

4.用油起锅，加水、叉烧酱、盐、鸡粉、水淀粉，调成稠汁，浇在食材上即成。

补锌食谱

专家点评

竹笋含有蛋白质、糖类、钙、磷、铁、维生素，能促进肠道蠕动，帮助消化；鱿鱼含有钙、磷及维生素B_1等成分，能补充儿童的脑力。

鱿鱼炒三丝

◑ 原料：

火腿肠90克，鱿鱼120克，鸡胸肉150克，竹笋85克，姜片、蒜末、葱段各少许

◑ 调料：

盐、鸡粉、料酒、水淀粉、食用油各适量

◑ 做法：

1.鸡胸肉、火腿肠、竹笋、鱿鱼分别切丝。

2.鸡肉丝装碗，加盐、鸡粉、水淀粉、食用油，腌至入味；鱿鱼丝另装碗，腌制片刻。

3.开水锅中加盐、鸡粉，倒入竹笋、鱿鱼，略煮片刻后捞出，备用。

4.用油起锅，放姜、蒜、葱，爆香，倒鸡肉丝、料酒，炒香，放竹笋、鱿鱼、火腿肠。

5.加盐、水淀粉、鸡粉，炒匀，盛出即成。

莲子

『推荐烹调法』
煲、煮

▶含锌量：
3.6毫克/100克

▶补锌原理：
小儿腹泻造成锌元素的流失时，适当的食用莲子不仅能补充小儿所需的锌，还能补脾止泻。另外，莲子还能促进食欲。

营养成分

莲子含棉籽糖、钙、磷、铁、β-谷固醇、丰富的维生素C、葡萄糖、叶绿素、棕榈酸及谷胱甘肽等。

营养功效

莲子有益肾涩精、养心安神的功用，对小儿有促进凝血、使某些酶活化、维持神经传导性、维持肌肉的伸缩性和心跳的节律等作用；且能帮助儿童机体进行蛋白质、脂肪、糖类代谢，并能维持体内酸碱平衡。

温馨提示

挑选莲子以饱满圆润、粒大洁白、芳香味甜、无霉变虫蛀者为佳。新鲜的莲子剥掉壳后，保持干爽，用保鲜膜密封起来，放在冰箱里，这样会保鲜更久。干莲子应保存在干爽处，防止莲子受潮生虫。

搭配宜忌

 ✔ 莲子 + 木瓜 = 助消化、润肺止咳

 ✔ 莲子 + 金银花 = 治腹泻

 ✔ 莲子 + 桂圆 = 养心安神

 ✘ 莲子 + 龟 = 产生不良反应

补锌食谱

专家点评

红薯中蛋白质组成比较合理，必需氨基酸含量高，其所含的膳食纤维质地细腻，不伤肠胃，与莲子同食，能加快小儿消化道蠕动，有助于排便，清理消化道。

红薯莲子粥

◖原料：

红薯80克，水发莲子70克，水发大米160克

◖做法：

1.将泡好的莲子去除莲子心。

2.洗好的红薯去皮，再切成片，改切成条，最后切成丁。

3.砂锅中注入适量清水，用大火烧开，放入去心的莲子。

4.倒入泡好的大米，搅匀，烧开后用小火煮约30分钟，至食材熟软。

5.放入红薯丁，搅匀，用小火煮15分钟，至食材熟烂。

6.将锅中食材搅拌均匀，盛出装碗即成。

补锌食谱

专家点评

绿豆清热解暑，百合养阴清热，莲子养心安神，银耳润肺生津，本品在补充丰富营养的同时，又可以消暑除烦，让孩子在酷暑时节也能睡个好觉。

百合莲子银耳豆浆

◖原料：

水发绿豆50克，水发银耳30克，水发莲子20克，百合6克

◖调料：

白糖适量

◖做法：

1.将泡发好的绿豆倒入碗中，注入清水，搓洗干净，倒入滤网，沥干。

2.将洗好的银耳掐去根部，撕成小块。

3.取豆浆机，倒入莲子、绿豆、银耳、百合，注入适量清水，榨取豆浆。

4.把煮好的豆浆倒入滤网，用汤匙搅匀，滤取豆浆，倒入碗中，放入白糖，搅拌均匀至其溶化即成。

枣

『推荐烹调法』
蒸、煮

▶含锌量:
1.52毫克/100克
▶补锌原理:
枣含有的锌能有效改善小儿偏食、异食的习惯,让小儿真正爱上吃饭,远离挑食和营养不良,促进小儿生长发育。

营养成分

枣含有多种氨基酸、糖类、有机酸、黏液质、维生素A、维生素C、维生素B$_2$及钙、磷、铁等矿物质。

营养功效

枣所含有的环磷酸腺苷,是小儿机体细胞能量代谢的必需成分,能够增强活力、消除疲劳、扩张血管、增加心肌收缩力、改善心肌营养,对防治心血管系统疾病有良好的作用。枣还具有补虚益气、养血安神、健脾和胃等作用。

温馨提示

鲜枣不宜买表面有碰伤,或者长黑斑生虫的。买回来的鲜枣,将新鲜完好且果皮不是全红的挑出来,用塑料袋密封,袋内留少量空气后封口,再放到温度为0～4℃的冰箱中冷藏;装塑料袋时,最好用小袋分装以保鲜。

搭配宜忌

 ✅ 枣 + 栗子 = 健脾益气、补肾强筋

 ✅ 枣 + 南瓜 = 补中益气、收敛肺气

 ✅ 枣 + 白菜 = 清热润燥

 ❌ 枣 + 黄瓜 = 破坏维生素C

补锌食谱

枣泥小米粥

◐ 原料：

小米85克，红枣20克

◐ 做法：

1.蒸锅中注入适量清水烧开，放入装有红枣的小盘子。

2.用中火蒸约10分钟至红枣变软，取出，放凉。

3.将放凉的红枣去核，剁成细末，倒入杵臼中，捣成红枣泥，盛出待用。

4.汤锅中注水烧开，倒入小米，拌匀，使米粒散开。

5.用小火煮约20分钟至米粒熟透，加入红枣泥，续煮片刻至沸腾。

6.关火后盛出，放在小碗中即成。

专家点评

　　小米的食用价值很高，含有17种氨基酸，其中有8种氨基酸是人体必需的，搭配红枣一起食用，不仅能安神助眠，而且对幼儿的皮肤也有很好的保护作用。

补锌食谱

芝麻糯米枣

◐ 原料：

红枣30克，糯米粉85克，冰糖25克，熟白芝麻少许

◐ 做法：

1.红枣切开，去核，待用；糯米粉中注水，调成面团，待用。

2.取部分面团，搓成长条，再分成数段，压扁，制成面片。

3.放入切好的红枣中，制成糯米枣生坯，待用。

4.锅中注入清水烧开，放入冰糖，拌匀，倒入生坯，煮至食材熟透。

5.关火后盛出煮好的糯米枣，装入碗中，撒上熟白芝麻即成。

专家点评

　　红枣含有蛋白质、糖类、维生素A、维生素C、铁、钙等营养成分，搭配芝麻、糯米食用，对小儿食欲不佳、腹胀腹泻有一定的缓解作用。

猕猴桃

『推荐烹调法』
鲜食

▶ 含锌量：
0.56毫克/100克

▶ 补锌原理：
孩子缺锌会出现免疫力降低、胃口差的现象，食用猕猴桃不仅可提高小儿抵抗力，还能增加食欲，让宝宝爱上吃饭。

营养成分

猕猴桃营养丰富，含有多种维生素、脂肪、蛋白质、解元酸、钙、磷、铁、镁、锌、果胶等成分。

营养功效

猕猴桃有生津解热、调中下气、止渴利尿、滋补强身之功效；其含有硫醇蛋白的水解酶和超氧化物歧化酶，具有提高小儿免疫力、抗癌、抗肿消炎的功能。此外，猕猴桃含有的血清促进素还具有稳定小儿情绪的作用。

温馨提示

猕猴桃是很耐贮藏的水果，在1~5℃的冰箱内一般可贮藏保鲜达3~6个月。猕猴桃较硬不能食用时，可采取提高猕猴桃存放环境温度的方法，使果实新陈代谢加快，更易成熟，但催熟的猕猴桃保存时间不宜太长，应尽快食用。

搭配宜忌

 ✔ 猕猴桃 + 生姜 = 清热和胃

 ✔ 猕猴桃 + 薏米 = 抑制癌细胞的生成

 ✔ 猕猴桃 + 橙子 = 预防关节磨损

 ✘ 猕猴桃 + 牛奶 = 导致腹痛、腹泻

酸甜猕猴桃柳橙汁

◐ 原料：

猕猴桃80克，橙子90克

◐ 调料：

蜂蜜10克

◐ 做法：

1.洗净的橙子切瓣，去皮，切成小块。

2.洗好的猕猴桃去皮，切开，去除硬心，切成小块，待用。

3.取榨汁机，倒入切好的猕猴桃、橙子，加入适量矿泉水，盖上盖，选择“榨汁”功能，榨取果汁。

4.揭开盖，放入蜂蜜，再次选择“榨汁”功能，搅拌均匀。

5.把搅拌匀的果汁倒入杯中即成。

专家点评

猕猴桃和橙子均含有大量的维生素C，能增强体抗力，预防感冒；且其口感微酸带甜，很适合儿童的口味。

双果猕猴桃沙拉

◐ 原料：

雪莲果210克，火龙果200克，猕猴桃100克，牛奶60毫升

◐ 调料：

沙拉酱10克

◐ 做法：

1.将洗净的火龙果去皮，把果肉切小块。

2.洗好去皮的猕猴桃切小片。

3.洗净去皮的雪莲果切成片，备用。

4.把切好的水果装入碗中，加入沙拉酱，倒入备好的牛奶。

5.快速搅拌一会儿，至食材入味。

6.取一个干净的盘子，盛入拌好的水果沙拉，摆好盘即成。

专家点评

将猕猴桃与牛奶搭配，可提高机体对锌的吸收；雪莲果能帮助小儿胃肠道消化，调理和改善消化系统的不良状况，常食本品还能提高小儿免疫力。

松子

『推荐烹调法』
炒、煮

▶含锌量：
5.49毫克/100克

▶补锌原理：
缺锌的小儿往往较同龄小儿智力落后，经常食用松子既可健脑、滋养神经，又可预防因缺锌引起的其他疾病。

营养成分

松子含有脂肪、蛋白质、糖类、亚油酸、维生素E、钙、铁、磷、钾、锰、锌等成分。

营养功效

松子具有强筋健骨、滋阴养液、补益气血、润燥滑肠之功效，可用于小儿皮肤干燥、肺燥咳嗽、口渴便秘、自汗、心悸等病症。此外，松子对大脑和神经大有补益作用，是小儿健脑佳品，可以提高记忆力和学习效率。

温馨提示

松子应选色泽红亮、个头大、仁饱满的。好的开口松子从表面上看颗粒均匀，开口不均匀；不好的开口松子虽然看着开口均匀，但是颗粒不均匀，而且颗粒长；且优质的开口松子吃起来有清香味。

搭配宜忌

 ✓ 松子 + 核桃 = 防治便秘

 ✓ 松子 + 红枣 = 养颜益寿

 ✓ 松子 + 桂圆 = 养胃滋补

 ✗ 松子 + 羊肉 = 引起腹胀、胸闷

补锌食谱

专家点评

松仁中所含的锌以及不饱和脂肪酸是构成脑细胞的重要成分，对维护脑细胞和神经功能有良好的功效，是婴幼儿益智健脑和生长发育必不可少的营养食品。

松子仁粥

◗ 原料：

水发大米110克，松子35克

◗ 调料：

白糖4克

◗ 做法：

1.砂锅中注入适量清水烧开。

2.倒入洗净的大米，搅拌匀。

3.加入备好的松子，拌匀。

4.盖上锅盖，烧开后用小火煮30分钟至食材熟透。

5.揭开锅盖，加入白糖，搅拌均匀，煮至白糖溶化。

6.关火后盛出煮好的粥，装入碗中即成。

补锌食谱

专家点评

莴笋含有蛋白质、糖类及多种维生素和矿物质，对人体的生长发育有益，搭配含锌的松仁同食，有助于小儿增进食欲，帮助胃肠道消化吸收营养。

松仁莴笋

◗ 原料：

莴笋200克，彩椒80克，松仁30克，蒜末、葱段各少许

◗ 调料：

盐3克，鸡粉2克，水淀粉5毫升，食用油适量

◗ 做法：

1.莴笋、彩椒切丁；开水锅中加1克盐、油，倒入莴笋、彩椒，略煮片刻，捞出。

2.热锅注油，放入松仁，炸至微黄色，捞出；锅底留油，放蒜末、葱段，爆香。

3.倒入莴笋、彩椒，加2克盐、鸡粉，炒匀，淋入水淀粉，拌炒至食材熟透。

4.关火后盛出装盘，撒上松仁即成。

杏仁

『推荐烹调法』
炒、煮

▶含锌量：
4.3毫克/100克

▶补锌原理：
锌可提升胸腺和T淋巴细胞攻击、歼灭病原微生物的能力，杏仁含有较多的锌，常期食用可提高小儿免疫力。

营养成分

杏仁富含胡萝卜素、B族维生素、维生素C、维生素P以及钙、磷、锌、铁等营养成分。

营养功效

杏仁是常用于止咳平喘的药食两用食材。苦杏仁经酶水解后会产生氢氰酸，对呼吸中枢有镇静作用，可防治小儿咳喘。杏仁含有丰富的单不饱和脂肪酸，有益于小儿心脏健康；含有维生素E等抗氧化物质，能帮助小儿预防疾病，提高免疫力。

温馨提示

优质杏仁表皮颜色浅，颗粒饱满，并且"个头"大。用指甲按压杏仁，若指甲能轻易按入杏仁，代表已经受潮，不新鲜。口尝有一种"哈喇"味，或口感不香，不清新，一般存时间较长，尽量不要购买。

搭配宜忌

 ✔ 杏仁 + 花菜 = 促进机体对叶酸的吸收

 ✔ 杏仁 + 生姜 = 止咳

 ✘ 杏仁 + 小米 = 引起呕吐、腹泻

 ✘ 杏仁 + 胡萝卜 = 破坏胡萝卜素

核桃杏仁豆浆

原料：

水发黄豆80克，核桃仁、杏仁各25克

调料：

冰糖20克

做法：

1.将黄豆倒入碗中，加适量清水，搓洗干净，放入滤网，沥干。

2.取豆浆机，倒入黄豆、核桃仁、杏仁、冰糖，注入适量清水，至水位线。

3.盖上豆浆机，选择"五谷"程序开始打浆，待豆浆机运转15分钟，即成豆浆。

4.将榨好的豆浆倒入滤网中，滤取豆浆。

5.将滤取的豆浆倒入碗中，待稍微放凉后饮用即可。

专家点评

杏仁含有蛋白质、维生素、胡萝卜素、糖类、铁、锌等营养成分，搭配健脑的核桃同食，不仅能帮助小儿润肠通便，还有助于小儿提高记忆力。

杏仁秋葵

原料：

虾仁70克，秋葵100克，彩椒80克，北杏仁40克，姜片、葱段各少许

调料：

盐、鸡粉、水淀粉、料酒、食用油各适量

做法：

1.秋葵切成段、彩椒切小块；虾仁去虾线，装碗，加鸡粉、盐、水淀粉、食用油，腌至入味。

2.热锅注油烧热，放杏仁，炸至微黄色，捞出；油锅中再放虾仁，略炸片刻，捞出。

3.锅底留油，放入姜片、葱段，爆香，倒入秋葵、彩椒、虾仁、料酒，炒匀提鲜。

4.加鸡粉、盐、水淀粉，炒匀，盛出即成。

专家点评

秋葵脆嫩多汁、滑润不腻、香味独特，搭配含锌的杏仁食用，能帮助小儿消化吸收、增强体力、保护肝脏、通利肠胃，减少小儿便秘的发生。

核桃

『 推荐烹调法 』
炒、煮

▶含锌量：
2.17毫克/100克
▶补锌原理：
核桃的含锌量较丰富，除了能够满足每日所需、维持小儿的新陈代谢外，还能对大脑的智力发育起到补益作用。

营养成分

核桃富含蛋白质、脂肪、膳食纤维、钾、钠、钙、铁、磷以及多种必需氨基酸。

营养功效

核桃仁具有滋补肝肾、强健筋骨的功效。核桃油中油酸、亚油酸等不饱和脂肪酸高于橄榄油，饱和脂肪酸含量极微，是预防肥胖儿童患动脉硬化、冠心病的优质食用油。核桃还能润泽肌肤、滋养头发，小儿可常食。

温馨提示

购买核桃时应选个大、外形圆整、干燥、壳薄、色泽白净、表面光洁、壳纹浅而少者。带壳核桃风干后较易保存，核桃仁要用有盖的容器密封装好，放在阴凉、干燥处存放，避免受潮。

搭配宜忌

 ✔ 核桃 + 芹菜 = 补肝肾、益脾胃

 ✔ 核桃 + 百合 = 润肺益肾、止咳平喘

 ✔ 核桃 + 梨 = 治百日咳

 ✘ 核桃 + 野鸡肉 = 导致血热

专家点评

燕麦含有粗蛋白、亚油酸、淀粉、磷、铁、钙、镁等成分，小儿常食核桃与燕麦搭配的豆浆，不仅能改善血液循环，还能助消化、促吸收。

核桃燕麦豆浆

原料：

水发黄豆80克，燕麦60克，核桃仁20克

调料：

冰糖25克

做法：

1.将燕麦、黄豆倒入碗中，加水，搓洗干净，放入滤网中，沥干待用。

2.取豆浆机，倒入黄豆、燕麦、核桃仁、冰糖，注入适量清水，至水位线。

3.盖上豆浆机机头，开始打浆，待豆浆机运转约15分钟，即成豆浆。

4.将豆浆机断电，取下机头，把煮好的豆浆倒入滤网，滤取豆浆。

5.将滤好的豆浆倒入碗中即成。

专家点评

黑米含有B族维生素、维生素E、钙、磷、钾、镁、铁、锌等成分，与核桃同食，有助于小儿智力发育，是缺锌小儿的食疗佳品。

黑米核桃黄豆浆

原料：

黑米20克，水发黄豆50克，核桃仁适量

做法：

1.将黑米、黄豆倒入碗中，注入适量清水，用手搓洗干净。

2.把洗好的食材倒入滤网，沥干水分。

3.取豆浆机，倒入黑米、黄豆、核桃仁，注入适量清水，至水位线。

4.盖上豆浆机机头，选择"五谷"程序，再选择"开始"键，开始打浆。

5.待豆浆机运转约20分钟，即成豆浆。

6.把煮好的豆浆倒入滤网，滤取豆浆，倒入碗中，用汤匙撇去浮沫即成。

在物质水平如此发达的今天，加之父母的悉心呵护，儿童贫血理应很少见才对，但事实却并非如此，儿童缺铁性贫血已赫然出现在儿童四大营养性疾病里。为什么贫血孩子的数量不减反增？究其原因，主要还是饮食不当造成的。

本章对儿童补铁有益的34种食材进行详细介绍，包括每种食材的含铁量、营养成分、补铁原理、搭配宜忌等内容，并推荐多道孩子爱吃的补铁食谱，让孩子从此远离贫血，做一个健康的"小铁人"。

PART 4

补铁食谱，
不要错过"铁"的约定！

黄豆	荞麦	虾米	鹌鹑蛋	葡萄干
青豆	小米	蛤蜊	木耳	榛子
红豆	薏米	猪血	紫菜	黑枣
豇豆	莲子	牡蛎	银耳	草莓
燕麦	鸭血	猪腰	菠菜	芝麻酱
黑豆	猪肝	鸽	苋菜	陈醋
绿豆	鸡肝	牛肉	藕粉	

黄豆

『推荐烹调法』
蒸、煮、炖、炒

▶含铁量：
8.4毫克/100克

▶补铁原理：
黄豆中铁的吸收率较高，能参与血红蛋白的合成，是预防儿童贫血的较好食材，常食黄豆能健脾利湿、益血补虚。

营养成分

黄豆含蛋白质、铁、镁、钼、锰、铜、锌、硒、B族维生素、烟酸、卵磷脂、可溶性纤维、胆碱等。

营养功效

黄豆中蛋白质的氨基酸组成和动物蛋白质近似，其中氨基酸比值接近人体所需，易被消化吸收，有益于儿童的成长发育。而且黄豆中还含有一种叫甾醇的物质，它能有效地增强神经功能，让宝宝头脑聪明。

温馨提示

生黄豆含有不利健康的抗胰蛋白酶和凝血酶，不宜生食，夹生黄豆也不宜吃；且黄豆不宜干炒食用，食用时宜高温煮烂。另外，黄豆不宜食用过多，以免不易消化而致腹胀。消化功能不良、胃脘胀痛、腹胀等有慢性消化道疾病的人应尽量少食。

搭配宜忌

 ✔ 黄豆 + 胡萝卜 = 有助于骨骼的发育

 ✔ 黄豆 + 茄子 = 润燥消肿

 ✘ 黄豆 + 酸奶 = 影响钙的消化吸收

 ✘ 黄豆 + 芹菜 = 阻碍营养的吸收

柠檬黄豆豆浆

原料：

水发黄豆60克，柠檬30克

做法：

1.将已浸泡8小时的黄豆倒入碗中，注入适量清水，搓洗干净。

2.把洗好的黄豆倒入滤网中，沥干水分。

3.取豆浆机，放入柠檬、黄豆，注入适量清水，至水位线。

4.选择"五谷"程序，再选择"开始"键，开始打浆。

5.待豆浆机运转约15分钟，即成豆浆。

6.将豆浆机断电，取下机头，把煮好的豆浆倒入滤网，滤取豆浆。

7.将滤好的豆浆倒入碗中即成。

专家点评

黄豆含铁丰富，既能补充儿童生长所需的铁，还能增强儿童抵抗力，促进其生长发育；柠檬含较多的维生素C，能促进铁的吸收。此豆浆适合补铁儿童食用。

茭白烧黄豆

原料：

茭白180克，彩椒45克，水发黄豆200克，蒜末、葱花各少许

调料：

盐、鸡粉各3克，蚝油10毫升，水淀粉4毫升，芝麻油2毫升，食用油适量

做法：

1.茭白、彩椒切丁，备用。

2.开水锅中放1克盐、1克鸡粉、食用油，倒入茭白、彩椒、黄豆，略煮后捞出。

3.用油起锅，放蒜末，爆香，加蚝油、2克鸡粉、2克盐，炒匀调味。

4.倒入焯过水的食材，炒匀，加入适量清水，用大火收汁，淋入水淀粉勾芡。

5.放入芝麻油、葱花，翻炒均匀，关火后盛出，装入盘中即成。

专家点评

本品菜色美观、营养丰富。其中黄豆含有较多的优质蛋白质和铁，有助于儿童肌肉组织的发育，同时，还能预防缺铁性贫血的发生。

青豆

『推荐烹调法』
炒、煮、蒸、炖

▶含铁量：
8.2毫克/100克
▶补铁原理：
青豆含有的铁能预防儿童缺铁性贫血。另外，青豆中的大豆异黄酮还能增强血管弹性，进一步增强补血效果。

营养成分

青豆含蛋白质、不饱和脂肪酸、大豆磷脂、角苷、蛋白酶抑制剂、异黄酮、钼、硒、铁、钙、锌、磷等。

营养功效

青豆含有丰富的蛋白质、叶酸、膳食纤维和人体必需的多种氨基酸，尤以赖氨酸含量为高，与谷物搭配食用，具有蛋白质互补的作用，有助于儿童的生长发育。此外，青豆富含不饱和脂肪酸，还有健脑和防止脂肪堆积的作用。

温馨提示

挑选青豆时，不能轻信个大颜色鲜艳的，买回来后，可以用清水浸泡一下，优质的青豆浸泡后不会掉色，剥开后里面的芽瓣应是黄色的。另外，青豆不宜久煮，否则会变色，青豆可直接炒食或煲汤食用。

搭配宜忌

 ✔青豆 + 牛肉 = 益气血、强筋骨

 ✔青豆 + 牛奶 = 补充蛋白质

 ✔青豆 + 虾仁 = 健脾益气、清热解毒

 ✘青豆 + 沙丁鱼 = 诱发痛风

青豆烧茄子

专家点评

茄子含有维生素P，有防止出血的作用，可参与维持血管内血容量恒定；茄子和青豆中含有的钙，还有助于儿童骨骼和牙齿的发育。

◑ **原料：**

青豆、茄子各200克，蒜末、葱段各少许

◑ **调料：**

盐3克，鸡粉2克，生抽6毫升，水淀粉、食用油各适量

◑ **做法：**

1.茄子切小丁块，备用。

2.锅中注水烧开，加1克盐、食用油，倒入青豆，略煮片刻，捞出备用。

3.热锅注油，烧至五成热，倒入茄子丁，炸至其色泽微黄，捞出沥干。

4.锅底留油，放蒜末、葱段，爆香，倒入青豆、茄子丁，炒匀，加盐、鸡粉调味。

5.倒生抽、水淀粉，炒匀，盛出即成。

青豆烧冬瓜鸡丁

专家点评

本品荤素搭配，不仅能为机体补充丰富的营养，还能增强儿童食欲，缓解其贫血、营养不良等症状，处在生长发育期的儿童可常食。

◑ **原料：**

冬瓜230克，鸡胸肉200克，青豆180克

◑ **调料：**

盐、鸡粉、料酒、水淀粉、食用油各适量

◑ **做法：**

1.冬瓜切小丁块；鸡胸肉切丁，装入碗中，加盐、鸡粉、水淀粉、食用油，拌匀，腌至入味。

2.开水锅中加盐、食用油，放入青豆、冬瓜，略煮片刻，捞出。

3.用油起锅，放入鸡肉丁，炒至肉质松散，淋入料酒提鲜，倒入青豆和冬瓜，加鸡粉、盐，炒匀。

4.淋入水淀粉，炒至食材熟透即成。

红豆

『推荐烹调法』
炒、蒸、煮、炖

▶含铁量：
7.4毫克/100克

▶补铁原理：
红豆富含的铁儿童容易吸收，具有较好的补血效果，能减少贫血的发生，而且红豆含有的维生素C还能促进铁的吸收。

营养成分

红豆含蛋白质、糖类、脂肪、钾、钙、镁、铁、铜、锌、皂角苷、膳食纤维、叶酸、胡萝卜素、维生素A等。

营养功效

红豆含有较多的皂角苷，可刺激肠道，具有良好的利尿作用，可治疗儿童水肿。红豆还含有较多的膳食纤维，具有良好的润肠通便、预防结石和减肥的作用，适合肥胖儿童食用；红豆中的 ω−3脂肪酸有助于儿童增强免疫力。

温馨提示

购买红豆时宜选择有光泽、形态饱满（色泽暗淡无光、干瘪的可能放置时间较长）、无虫蛀的、存储在干燥通风处的。红豆宜与谷类食物混合成豆饭或豆粥食用，还可做成豆沙或做糕点原料。红豆较硬，不宜煮熟，烹调前应提前泡发一段时间。

搭配宜忌

 ✔红豆 + 薏米 = 健脾利湿

 ✔红豆 + 莲子 = 养心安神

 ✔红豆 + 冰糖 = 润肺止咳

 ✘红豆 + 羊肝 = 引起中毒

补铁食谱

专家点评

本品富含蛋白质、维生素、钙、铁等营养物质，且易于消化，常食可以补铁补血。另外，牛奶的摄入还能帮助孩子长高，增强其体质。

红豆牛奶西米露

◐ 原料：

西米35克，红豆60克，牛奶90毫升，炼奶少许

◐ 做法：

1. 热水锅中倒入西米，煮约30分钟，至西米色泽通透，关火后放凉待用。

2. 将牛奶装入碗中，再盛入煮好的西米，冷藏一会儿，待用。

3. 另起锅，倒入红豆，注入适量清水，静置约15分钟，开大火煮沸，转小火煮15分钟，至红豆熟透，盛出，装入碗中。

4. 加入炼奶，拌匀，制成红豆羹。

5. 玻璃杯中倒入冷藏好的牛奶西米，再加入适量红豆羹即成。

补铁食谱

专家点评

红豆与大米都富含蛋白质、铁和维生素等营养物质，常食能补血强身，增强儿童免疫力；南瓜能促进胆汁分泌和肠胃蠕动，帮助食物消化，预防儿童便秘。

红豆南瓜粥

◐ 原料：

糯米粥、红豆、栗子、南瓜各适量

◐ 做法：

1. 备好的熟栗子切碎，装盘，待用。

2. 将煮好的南瓜去皮，压碎，装入盘中，待用。

3. 事先煮好的红豆捣碎，装盘，备用。

4. 将糯米粥倒进锅中，加入适量清水。

5. 开火，依次加入红豆、栗子、南瓜，搅拌均匀。

6. 关火，盛出煮好的粥，装入碗中即可。

豇豆

『推荐烹调法』
炒、烧、蒸

▶含铁量：
7.1毫克/100克

▶补铁原理：
豇豆含铁丰富，对儿童缺铁性贫血引起的食欲下降具有较好的食疗作用，且豇豆中的维生素C还能促进铁的吸收。

营养成分

豇豆含蛋白质、脂肪、糖类、膳食纤维、B族维生素、维生素C、维生素E、钙、铁、磷、锌等。

营养功效

豇豆所含的B族维生素能维持正常的消化腺分泌和胃肠道蠕动，抑制胆碱酶活性，可帮助消化，增进食欲，有助于儿童的身高生长和骨骼发育。豇豆中所含维生素C能促进抗体的合成，提高机体抗病毒的能力，预防儿童感冒。

温馨提示

在选购豇豆时，一般以豆条粗细均匀、色泽鲜艳、透明有光泽、子粒饱满者为佳，而有裂口、皮皱的、条过细无子、表皮有虫痕的豆角则不宜购买。豇豆素炒起锅前拍上两瓣蒜放进锅里，味道更香；长豇豆不宜烹调时间过长，以免造成营养损失。

搭配宜忌

 ✔ 豇豆 + 冬瓜 = 利尿消肿

 ✔ 豇豆 + 木耳 = 生津止渴、补脾益血

 ✔ 豇豆 + 玉米 = 健脾养胃

 ✘ 豇豆 + 茶 = 影响消化、导致便秘

茄汁豆角焖鸡丁

◐原料：

鸡胸肉270克，豆角180克，西红柿50克，蒜末、葱段各少许

◐调料：

盐、鸡粉、白糖、番茄酱、水淀粉、食用油各适量

◐做法：

1.豆角切小段，西红柿切丁；鸡胸肉切丁装碗，加盐、鸡粉、水淀粉、油，腌至入味。
2.开水锅中加盐、油，倒豆角，略煮后捞出；用油起锅，倒鸡肉丁，炒至变色。
3.放入蒜、葱，炒匀，倒入豆角、西红柿丁，炒软，加番茄酱、白糖、盐，炒匀调味。
4.倒入水淀粉，炒至入味，盛出即成。

补铁食谱

专家点评

　　豇豆含铁丰富，可以增加红细胞数量，促进血红蛋白的生成，进而防治儿童贫血；鸡肉蛋白质含量高，而脂肪含量较低，具有增强免疫力、强壮身体等作用。

豇豆大米粥

◐原料：

豇豆仁80克，水发大米150克，葱花少许

◐调料：

盐、鸡粉各2克

◐做法：

1.砂锅中注入适量清水烧开，倒入洗净的豇豆仁。
2.放入洗好的大米，搅匀，使米粒散开。
3.盖上盖，煮沸后用小火煮约1小时，至米粒熟透。
4.揭盖，加入盐、鸡粉，拌匀调味。
5.转中火续煮片刻，至米粥入味。
6.盛出煮好的粥，装入汤碗中，撒上葱花即成。

专家点评

　　豇豆仁除含有铁等矿物元素外，还含有易于消化吸收的优质蛋白和适量糖类，有助于儿童大脑发育，改善儿童缺铁性贫血的现象。

燕麦

『推荐烹调法』
煮、蒸

▶含铁量：
7.0毫克/100克
▶补铁原理：
健康儿童食用燕麦能较好
地补充铁，预防贫血的发
生；贫血儿童食用燕麦，
则能很好地改善疲乏无力
的症状。

营养成分

燕麦含有亚油酸、蛋白质、脂肪、膳食纤维、维
生素E及钙、磷、铁、锌等元素。

营养功效

燕麦可以改善血液循环，其含有的钙、磷、铁、锌
等矿物质有预防骨质疏松、促进伤口愈合的功效；燕麦
中还含有极其丰富的亚油酸，对儿童脑部发育有较好的
食疗作用，常食燕麦还能增强体力。

温馨提示

购买燕麦时，应挑选大小均匀、质实饱满、有光
泽的燕麦粒；贮存时，可将其存放在阴凉干燥处。燕
麦可以单独煮食，也可加工成熟燕麦，将其添加到面
点、粥、饭等食物中，做成燕麦面包、燕麦蛋糕、燕
麦饼干、燕麦粥、燕麦饭等。

搭配宜忌

 ✓ 燕麦 + 红枣 = 活血

 ✓ 燕麦 + 虾 = = 护心解毒

 ✓ 燕麦 + 香蕉 = 改善睡眠

 ✗ 燕麦 + 红薯 = 导致胃痉挛、胀气

南瓜糯米燕麦粥

补铁食谱

专家点评

燕麦能益气补血，可增强儿童活力，还能防治小儿肥胖；南瓜含有精氨酸、天门冬素、胡萝卜素等营养成分，具有保护视力等功效。

◐ 原料：

水发燕麦120克，水发糯米90克，南瓜80克

◐ 调料：

白糖4克

◐ 做法：

1.洗净的南瓜切开，去皮，再切成小块，备用。

2.砂锅中注入适量清水烧热，倒入备好的燕麦、糯米。

3.放入南瓜，搅拌均匀，烧开后用小火煮约40分钟，至食材熟软。

4.揭开锅盖，加入白糖，搅拌匀，煮至白糖溶化。

5.关火后盛出煮好的粥，装入碗中即成。

绿豆燕麦豆浆

补铁食谱

专家点评

绿豆有滋补强壮、调和五脏、清热解毒等功效；燕麦富含铁和膳食纤维，一方面能防止儿童贫血，另一方面能益肝和胃、润肠通便。

◐ 原料：

水发绿豆55克，燕麦45克

◐ 调料：

冰糖适量

◐ 做法：

1.将绿豆放入碗中，注入适量清水，搓洗干净，沥干待用。

2.取豆浆机，倒入绿豆、燕麦，放入冰糖，注入适量清水，至水位线。

3.选择"五谷"程序，按"开始"键，开始打浆，待豆浆机运转约20分钟，即成豆浆。

4.把煮好的豆浆倒入滤网，滤取豆浆。

5.滤好的豆浆倒入杯中，撇去浮沫即成。

黑豆

『推荐烹调法』
蒸、煮、炒

▶含铁量：
7.0毫克/100克

▶补铁原理：
黑豆不仅含铁较多，而且黑豆皮中的营养物质物质还能促进铁的吸收，能养血平肝、补肾壮阴、生血乌发。

营养成分

黑豆含蛋白质、脂肪、糖类、膳食纤维、B族维生素、维生素E、钙、磷、钾、镁、铁、锌等。

营养功效

黑豆含有的膳食纤维能够刺激肠道蠕动，使体内气体与毒素顺利排除，改善儿童便秘。黑豆中的不饱和脂肪酸在人体内能转化成卵磷脂，它是形成脑神经的主要成份；黑豆中所含的矿物质钙、磷皆有防止大脑老化迟钝、健脑益智的作用。

温馨提示

黑豆去皮后有黄仁和绿仁两种，黄仁的是小黑豆，绿仁的是大黑豆。黑豆在烹调上用途甚广，可作为粮食直接煮食，也可磨成豆粉食用。由于黑豆热性大，故不宜多食，以免上火。尤其是炒熟后的黑豆，小儿不宜多食。

搭配宜忌

 ✔ 黑豆 + 牛奶 = 促进维生素B$_{12}$的吸收

 ✔ 黑豆 + 橙子 = 营养丰富

 ✔ 黑豆 + 红糖 = 滋补肝肾、活血乌发

 ✘ 黑豆 + 海带 = 出现胃痉挛

補鐵食譜

黑豆糯米豆浆

◖原料：

水发黑豆50克，糯米20克

◖调料：

白糖适量

◖做法：

1.将已泡发好的黑豆倒入碗中，放入糯米，加清水，搓洗干净，沥干待用。

2.取豆浆机，倒入黑豆、糯米，注入适量清水，至水位线。

3.选择"五谷"程序，按"开始"键，待豆浆机运转约20分钟，即成豆浆。

4.把煮好的豆浆倒入滤网，滤取豆浆。

5.将滤好的豆浆倒入碗中，加少许白糖，搅拌至糖溶化即成。

专家点评

黑豆属深色食物，缺铁儿童食用，有改善食欲和增强免疫力的作用。此外，糯米能益气补血、温补脾胃，适宜贫血儿童食用。

補鐵食譜

黑豆核桃蜂蜜奶

◖原料：

黑豆粉45克，核桃粉35克，蜂蜜20克，牛奶300毫升

◖做法：

1.汤锅置于火上，倒入牛奶。

2.放入核桃粉、黑豆粉，拌匀，用大火煮至沸腾。

3.加入蜂蜜。

4.拌匀，煮至溶化。

5.关火后盛出煮好的蜂蜜奶即成。

专家点评

核桃含有健脑物质——亚油酸和磷脂，能增强儿童的学习能力和记忆力。儿童常食本品，还有助于缓解缺铁引起的疲乏、口渴症状。

绿豆

『推荐烹调法』
蒸、煮、炒、炖

▶含铁量：
6.5毫克/100克

▶补铁原理：
儿童常食绿豆，可增加铁的摄入量，改善缺铁性贫血引起的心悸、气短、食欲减退或注意力不集中等症状。

营养成分

绿豆含蛋白质、脂肪、糖类、磷脂、B族维生素、铁、钙、镁、锌等。

营养功效

夏天用绿豆煮汤可清暑益气、止渴利尿，不仅能补充水分，而且还能及时补充无机盐，对维持水液电解质平衡有着重要意义。绿豆中的某些成分有直接抑菌的作用，可以增强儿童免疫功能，预防腹泻。

温馨提示

选购绿豆时，优质绿豆外皮呈蜡质，颗粒饱满、均匀、很少有破碎，无虫，不含杂质；劣质的绿豆色泽黯淡，颗粒大小不均，饱满度差、破碎多，有虫，有杂质等。绿豆不宜煮得过烂，以免有机酸和维生素流失。脾胃虚寒、肾气不足、易泻者、体质虚弱者不宜食用绿豆。

搭配宜忌

 ✅ 绿豆 + 大米 = 有利于消化吸收

 ✅ 绿豆 + 南瓜 = 强身健体

 ✅ 绿豆 + 百合 = 解渴润燥

 ❌ 绿豆 + 狗肉 = 会引起中毒

补铁食谱

专家点评

绿豆富含多种维生素和矿物质，有清热消暑、利尿消肿、润喉止咳及明目的作用，既能补铁养血，还能预防儿童近视，适合发育期的幼儿食用。

绿豆沙

◖**原料：**

水发绿豆100克

◖**调料：**

冰糖30克，水淀粉少许

◖**做法：**

1.锅中加入适量清水，用大火煮沸，倒入洗好的绿豆。

2.盖上锅盖，用慢火煮约40分钟，至绿豆皮裂开。

3.揭开盖子，用漏勺沥出较粗的颗粒，加入冰糖。

4.盖上盖，小火续煮3分钟至冰糖融化。

5.揭开锅盖，加入水淀粉，拌匀勾芡。

6.将做好的绿豆沙盛出即成。

补铁食谱

专家点评

缺铁性贫血儿童容易情绪波动、易怒，绿豆与海带搭配食用，有助于儿童缓解情绪，使其轻松成长。另外，冬瓜还具有清热解毒、利尿消炎的功效。

冬瓜海带绿豆汤

◖**原料：**

冬瓜块80克，海带50克，水发绿豆20克，高汤适量

◖**调料：**

白糖适量

◖**做法：**

1.锅中注入适量高汤烧开，放入洗净切好的冬瓜块。

2.倒入洗好切片的海带和洗净的绿豆，拌匀，盖上锅盖，用中火煲煮约1小时至食材熟透。

3.揭开锅盖，加入适量白糖。

4.拌煮至白糖溶化。

5.关火后盛出煮好的汤料，装入备好的碗中即成。

荞麦

『推荐烹调法』
蒸、煮、炒

▶含铁量：
6.2毫克/100克

▶补铁原理：
儿童常食含铁丰富的荞麦，能增强食欲和学习能力，有助于儿童的身体和智力发育，同时，还能增强儿童免疫力。

营养成分

荞麦含蛋白质、糖类、脂肪、膳食纤维、维生素A、维生素B_1、维生素B_2、烟酸、维生素E、钙、铁、锌等。

营养功效

荞麦中含有丰富的维生素P，可以增强血管的弹性、韧性和致密性，能保护血管，预防血流不畅引起的儿童头晕、无力等症；荞麦中丰富的烟酸，能增强机体解毒能力，促进新陈代谢。荞麦还有抗菌、消炎、止咳、祛痰的作用，是感冒儿童的食疗佳品。

温馨提示

购买荞麦时，应挑选大小均匀、质实饱满、有光泽的荞麦粒；在常温、干燥、通风的环境中储存。荞麦可以单独煮食，也可食用其加工制品——荞麦面，其有各式不同的吃法，如热吃的汤面、凉式面或拌面等，均美味又营养。

搭配宜忌

 ✔ 荞麦 + 鸡蛋 = 增强免疫力

 ✔ 荞麦 + 牛奶 = 补充蛋白质

 ✖ 荞麦 + 猪肝 = 影响消化

 ✖ 荞麦 + 黄鱼 = 消化不良

补铁食谱

专家点评

　　荞麦面有很高的食用价值，其铁、锰、锌等营养元素含量比一般谷物要高，食用荞麦能增加儿童铁的摄入量，预防缺铁性贫血。

豆芽荞麦面

◑原料：

荞麦面90克，大葱40克，绿豆芽20克

◑调料：

盐3克，生抽3毫升，食用油2毫升

◑做法：

1.豆芽切成段；大葱切薄片，再切成碎片；荞麦面折小段。

2.开水锅中加盐、食用油、生抽，拌煮片刻，倒入荞麦面，搅散至调味料溶于汤汁中，再用小火煮4分钟至荞麦面熟软。

3.放入洗净的绿豆芽，煮至其变软，续煮片刻，至全部食材熟透。

4.盛出煮好的食材，撒上大葱片，浇上少许热油即成。

补铁食谱

专家点评

　　此面食材种类丰富，营养均衡，能促进肠胃对铁的吸收，增强儿童的造血功能。而且胡萝卜富含胡萝卜素，是儿童改善视力、预防近视的佳蔬。

花生酱拌荞麦面

◑原料：

荞麦面95克，黄瓜60克，胡萝卜50克，葱丝少许

◑调料：

陈醋、生抽、芝麻油、盐、鸡粉、白糖、芝麻酱各适量

◑做法：

1.胡萝卜、黄瓜切细丝；开水锅中倒入荞麦面，煮至其熟软，捞出，放入凉开水中过凉，再捞出沥干，装入碗中。

2.放入胡萝卜、黄瓜、葱丝，搅匀。

3.另取一小碗，倒盐、生抽、鸡粉、花生酱、白糖、陈醋、芝麻油，搅匀，调成味汁。

4.将味汁浇到拌好的荞麦面上，搅拌至其入味，装盘即成。

小米

『推荐烹调法』
炒、煮、炖、煲

▶含铁量：
5.1毫克/100克

▶补铁原理：
小米性凉，味甘、咸，其含有的铁非常适合儿童吸收，能促进体内红细胞的形成和成熟，有较好的滋阴养血的作用。

营养成分

小米含淀粉、蛋白质、脂肪、钙、磷、铁、钾、维生素B_1、维生素B_2、胡萝卜素、烟酸、维生素E等。

营养功效

小米含有较多的淀粉，能在体内能转化为葡萄糖，为儿童体质发育提供能量。小米因富含维生素B_1、维生素B_{12}等，而具有防止反胃、呕吐、消化不良及口角生疮的作用，有利于儿童对营养素的吸收。常吃小米，还能降低儿童患侏儒症的风险。

温馨提示

小米应放在阴凉、干燥、通风较好的地方，由于小米易遭蛾类幼虫等危害，可在容器内放袋花椒来防虫。因为小米的氨基酸中缺乏赖氨酸，而大豆的氨基酸中富含赖氨酸，所以，小米宜与大豆或肉类食物混合食用，可以补充小米赖氨酸的不足。

搭配宜忌

 ✓ 小米 + 黄豆 = 增强蛋白质的吸收

 ✓ 小米 + 大米 = 营养互补

 ✓ 小米 + 红糖 = 益气补血

 ✗ 小米 + 虾皮 = 引起恶心、呕吐

补铁食谱

专家点评

小米中的铁有助于儿童体内血红蛋白的生成，增强其携氧能力，预防贫血的发生。儿童常食本品，还能益精明目、滋补肝肾。

枸杞小米豆浆

◑原料：

枸杞20克，水发小米30克，水发黄豆40克

◑做法：

1.将泡发好的黄豆和小米装入碗中，注入适量清水，用手搓洗干净，沥干。

2.取豆浆机，倒入枸杞，放入洗净的黄豆、小米，注入适量清水，至水位线。

3.选择"五谷"程序，按"开始"键，开始打浆。

4.待豆浆机运转约15分钟，即成豆浆。

5.将煮好的豆浆倒入滤网，滤取豆浆。

6.将滤好的豆浆装入碗中，撇去浮沫，待稍凉即成。

补铁食谱

专家点评

小米和黑芝麻都是含铁丰富的食材，两者同食，有助于提高铁的吸收率。黑芝麻还含有较多的不饱和脂肪酸，对儿童大脑和神经系统的发育非常有利。

小米芝麻糊

◑原料：

水发小米80克，黑芝麻40克

◑做法：

1.取杵臼，倒入黑芝麻，捣成末。

2.倒出捣好的芝麻，装盘待用。

3.砂锅中注入适量清水烧开，倒入洗净的小米，搅拌匀。

4.盖上盖，烧开后用小火煮约30分钟至其熟透。

5.揭开盖，倒入芝麻碎，搅拌均匀。

6.用小火续煮约15分钟至全部食材入味，搅拌几下。

7.盛出煮好的芝麻糊，装入碗中即成。

薏米

『推荐烹调法』
蒸、煮、炖

▶含铁量：
3.6毫克/100克

▶补铁原理：
薏米含有的铁易被儿童吸收，因缺铁性贫血而引起体虚的孩子经常食用薏米，可起到增强体质和滋补的作用。

营养成分

薏米含蛋白质、脂肪、糖类、膳食纤维、维生素B_1、薏米酯、薏米油、钙、铁、钾、硒等。

营养功效

薏米中含有丰富的维生素B_1，对防治儿童脚气病十分有益；薏米还有营养头发、防止脱发、使头发光滑柔软的作用；薏米含有多种维生素和矿物质，可促进新陈代谢，减轻胃肠负担。经常食用薏米对儿童慢性肠炎、消化不良等症也有食疗作用。

温馨提示

选购薏米时，以粒大、饱满、色白、完整者为佳品。薏米较难煮熟，在煮之前需以温水浸泡2～3小时，让它充分吸收水分，在吸收了水分后再与其他米类一起煮就易熟烂。用薏米与白果熬汤，适用于儿童脾虚泄泻、小便涩痛等症。

搭配宜忌

 ✓ 薏米 + 山药 = 润肺益脾

 ✓ 薏米 + 粳米 = 补脾除湿

 ✓ 薏米 + 枇杷 = 清肺散热

 ✗ 薏米 + 杏仁 = 引起呕吐、泄泻

薏米黑豆浆

◐ 原料：

水发薏米、水发黑豆各50克

◐ 调料：

白糖8克

◐ 做法：

1.取豆浆机，倒入泡好的黑豆、薏米。

2.加入备好的白糖，再注入适量清水，至水位线。

3.盖上豆浆机机头，选择"五谷"程序，再选择"开始"键，开始打浆。

4.断电后取下豆浆机机头，倒出豆浆，滤入容器中。

5.将滤好的豆浆倒入碗中，待稍微放凉后即成。

专家点评

本品是儿童的极佳补铁膳食，且易消化吸收，尤其适合出牙期的儿童食用。另外，常食本品还有滋补养血、健脾利湿和美容护肤的作用。

芝麻核桃薏米粥

◐ 原料：

水发大米110克，白芝麻15克，核桃仁30克，水发薏米40克

◐ 做法：

1.洗净的核桃仁切成碎丁，备用。

2.砂锅中注入适量清水烧开，倒入洗好的大米。

3.再加入备好的核桃仁、薏米、白芝麻，搅拌均匀。

4.盖上锅盖，用中火煮约35分钟至食材全部熟软。

5.揭开锅盖，持续搅拌一会儿。

6.将煮好的粥盛出，装入碗中即成。

专家点评

此道膳食富含多种营养素，且易消化吸收。其中，白芝麻具有益气补血、滋润皮肤、增强免疫力等功效，可有效预防儿童出现缺铁性贫血。

莲子

『推荐烹调法』
蒸、煮、炖

▶含铁量：
3.6毫克/100克

▶补铁原理：
莲子含有的铁有补五脏不足、通利十二经脉气血的作用，有利于机体补血活血，降低儿童患缺铁性贫血的概率。

营养成分

莲子含蛋白质、脂肪、糖类、膳食纤维、维生素B_1、维生素B_2、烟酸、维生素C、钙、铁、磷、锌等。

营养功效

莲子中的莲子心，含有莲心碱、异莲心碱等多种生物碱，味道极苦，有清热泻火之功能，适合腹泻儿童食用。此外，莲子还有显著的强心作用，能扩张外周血管，有安神之效，可治心悸、失眠，有助于提高儿童睡眠质量。

温馨提示

莲子忌受潮受热，受潮容易虫蛀，受热则莲心的苦味会渗入莲肉。因此，干品莲子可用膜袋装好，放入有盖密封的容具内，置于阴凉、干燥、通风处保存。新鲜的莲子可以生食，也可以做成冰糖莲子、蜜饯莲、煮粥成羹等，均为鲜美味绝的营养好食品。

搭配宜忌

 ✅ 莲子 + 红薯 = 通便、美容

 ✅ 莲子 + 南瓜 = 通便排毒

 ✅ 莲子 + 鸭肉 = 补肾健脾、滋补养阴

 ❌ 莲子 + 蟹 = 产生不良反应

专家点评

莲子含有维生素、莲心碱、钙、磷、铁等营养成分，具有益智健脑、增强记忆力等功效；银耳也是含铁丰富的食材，贫血儿童可长期食用此饮。

银耳莲子冰糖饮

◗ **原料：**

水发银耳150克，水发莲子120克，冰糖少许

◗ **做法：**

1.银耳切碎，剁成小朵，备用。

2.砂锅中注入适量清水烧热，倒入备好的银耳、莲子。

3.烧开后用小火煮约20分钟至食材熟软。

4.倒入备好的冰糖，搅拌均匀。

5.用中火续煮约10分钟至食材熟透。

6.持续搅拌片刻，使汤水味道均匀。

7.将煮好的甜汤盛出，装入碗中即成。

专家点评

山药营养丰富，具有健脾益胃、滋阴益精、润肺止咳、增加抵抗力等作用，能增强莲子的补铁功效，且大米具有滋补强身的作用，适合发育期的儿童食用。

山药莲子米浆

◗ **原料：**

水发大米160克，山药80克，水发莲子55克

◗ **调料：**

白糖10克

◗ **做法：**

1.洗净去皮的山药切片，再切条形，改切成小块，装盘备用。

2.取豆浆机，倒入山药、莲子、大米。

3.注入适量清水，加入白糖。

4.盖上豆浆机机头，选择"五谷"程序，再选择"开始"键，开始打浆，待豆浆机运转约15分钟，即成米浆。

5.断电后取下机头，倒出米浆，装入备好的杯中即成。

鸭血

『推荐烹调法』
炖、拌、烧、煮

▶含铁量：
30.5毫克/100克
▶补铁原理：
鸭血性平，营养丰富，可养肝生血。鸭血中的铁以血红素铁的形式存在，容易被人体吸收利用，是补血佳品。

营养成分

鸭血含蛋白质、脂肪、糖类、钙、磷、钾、铁、锌、维生素B_1、维生素B_2、维生素K、维生素E等。

营养功效

鸭血能为人体提供多种微量元素，对儿童营养不良等疾病有很好的调养作用。鸭血中的蛋白质经胃酸分解后，可产生一种消毒及润肠的物质，从而促进有毒物质的排泄，堪称人体污物的"清道夫"，儿童常食可以降低肺部感染的概率。

温馨提示

挑选时应注意，鸭血较猪血颜色要暗，弹性较好，而且有一股较浓的腥臭味。真鸭血细腻而嫩滑，而牛血炮制成的毒"鸭血"空隙多。食用动物血无论烧、煮一定要余透；烹调时应配有葱、姜、辣椒等作料以去除异味。

搭配宜忌

 ✔ 鸭血 + 黄豆 = 健脾利水

 ✔ 鸭血 + 海带 = 补血活血、降脂降压

 ✔ 鸭血 + 豆腐 = 补铁补血、解毒养肝

 ✘ 鸭血 + 鸡蛋 = 影响营养的吸收

双菇炒鸭血

补铁食谱

专家点评

鸭血是含铁量非常丰富的食材，口感较嫩，营养丰富，易被机体吸收，有补血和清热解毒的作用，比较适合儿童食用。

◑ **原料：**

鸭血150克，口蘑70克，草菇60克，姜片、蒜末、葱段各少许

◑ **调料：**

盐3克，鸡粉2克，料酒4毫升，生抽5毫升，水淀粉、食用油各适量

◑ **做法：**

1.草菇、鸭血切块，口蘑切粗丝；开水锅中加1克盐，将草菇、口蘑焯煮断生后捞出。

2.用油起锅，放姜、蒜、葱，爆香，倒入焯好的食材，炒匀，淋入料酒、生抽。

3.倒入鸭血块，注入适量清水，加2克盐、鸡粉，炒匀，煮至食材熟透。

4.转大火收汁，倒入水淀粉，炒匀即成。

裙带菜鸭血汤

补铁食谱

专家点评

此汤色泽鲜艳、鲜嫩爽口，且营养丰富，富含铁、钙等多种矿物质，儿童适量食用，不仅有补铁的作用，还能增进食欲，改善因贫血引起的记忆力下降。

◑ **原料：**

鸭血180克，圣女果40克，裙带菜50克，姜末、葱花各少许

◑ **调料：**

鸡粉、盐、胡椒粉各少许，食用油适量

◑ **做法：**

1.圣女果、鸭血切小块，裙带菜切成丝。

2.开水锅中倒鸭血块，汆去血渍后捞出，装盘待用；用油起锅，放姜末，爆香。

3.倒入圣女果，炒匀，撒上裙带菜丝，拌匀，煮至食材析出水分，注水搅匀。

4.加鸡粉、盐，中火拌煮至汤汁沸腾，倒入鸭血块，搅动，撒上胡椒粉。

5.煮至食材熟透，撒上葱花即成。

猪肝

『推荐烹调法』
炒、炖、烧

▶含铁量：
22.6毫克/100克

▶补铁原理：
常食猪肝可预防因缺铁引起的面色、指甲苍白，可调节和改善贫血儿童造血系统的生理功能，是不错的补铁食材。

营养成分

猪肝含蛋白质、脂肪、维生素A、B族维生素、维生素C、钙、铁、镁、锌等。

营养功效

猪肝中含有丰富的维生素A，能保护眼睛，维持正常视力，防止眼睛干涩、疲劳，还能维持健康的肤色，对儿童的皮肤有滋润作用。猪肝中还含有一般肉类食品没有的维生素C和微量元素硒，能增强人体的免疫功能，防止受到细菌、病毒的侵袭。

温馨提示

新鲜的猪肝呈褐色或紫色，用手按压坚实有弹性，有光泽，无腥臭异味。切好的猪肝一时吃不完，可用豆油将其涂抹匀，然后放入冰箱内，可延长保鲜期。猪肝是猪体内最大的毒物中转站和解毒器官，刚买回来的新鲜猪肝不要急于烹调，应先冲洗10分钟，然后用水浸泡30分钟。

搭配宜忌

 ✓ 猪肝 + 菠菜 = 改善贫血

 ✓ 猪肝 + 韭菜 = 促进营养物质的吸收

 ✓ 猪肝 + 银耳 = 养肝、明目

 ✗ 猪肝 + 山楂 = 破坏维生素C

猪肝熘丝瓜

补铁
食谱

◆原料：

丝瓜100克，猪肝150克，红椒25克，姜
片、蒜末、葱段各少许

◆调料：

盐3克，鸡粉2克，生抽3毫升，料酒6毫
升，水淀粉、食用油各适量

◆做法：

1.丝瓜切小块，红椒、猪肝切薄片。

2.猪肝片装碗，加盐、鸡粉、料酒、水淀
粉，拌匀，腌至入味，倒入开水锅中，略
煮片刻，捞出沥干。

3.用油起锅，放姜、蒜，爆香，倒入猪肝
片、丝瓜、红椒，炒匀炒透。

4.加入料酒、生抽、盐、鸡粉，炒匀调
味，注入适量清水，转大火收汁。

5.倒入水淀粉，炒匀，撒上葱段即成。

专家点评

猪肝是预防缺铁性贫血的首选食品，
含铁量高且吸收率好，而且不容易引起过
敏，特别适合发育期的儿童食用。

水煮猪肝

补铁
食谱

◆原料：

猪肝300克，白菜200克，姜片、葱段、蒜
末各少许

◆调料：

盐、鸡粉、料酒、水淀粉、豆瓣酱、生
抽、辣椒油、花椒油、食用油各适量

◆做法：

1.白菜切细丝；猪肝切片装碗，加盐、鸡
粉、料酒、水淀粉，拌匀，腌渍10分钟。

2.开水锅中加油、盐、鸡粉，倒白菜丝，煮
软后捞出；用油起锅，放姜、葱、蒜、豆瓣
酱，爆香，倒入猪肝片、料酒，炒匀。

3.加清水、生抽、盐、鸡粉、辣椒油、花椒
油，煮至沸，加水淀粉，炒匀，装盘即成。

专家点评

猪肝含有磷、铁、锌、维生素B₁、维
生素B₂、抗坏血酸等营养成分，具有益气
补血、增强免疫力等功效。搭配白菜食
用，还能促进铁的吸收。

鸡肝

『推荐烹调法』
炒、蒸、煮

▶含铁量:
12.0毫克/100克

▶补铁原理:
铁元素是产生红细胞必需的元素,一旦缺乏便会感觉疲倦乏力,面色青白。儿童适量进食鸡肝可使皮肤红润,改善贫血现象。

营养成分

鸡肝含蛋白质、脂肪、糖类、钙、磷、铁、锌、镁、硒、维生素A、B族维生素、维生素E。

营养功效

鸡肝中的维生素A含量远远超过奶、蛋、肉、鱼等食品,具有维持正常生长和生殖功能的作用,能保护眼睛,维持正常视力,防止眼睛干涩、疲劳,并有助于维持健康的肤色。此外,鸡肝还能增强人体的免疫功能,帮助儿童预防感冒。

温馨提示

健康的熟鸡肝有淡红色、土黄色、灰色,都属于正常,黑色则不新鲜。新鲜鸡肝食用前需用冷水泡一会儿;烹调时间不能太短,至少应该在急火中炒5分钟以上,使鸡肝完全变成灰褐色。若治疗贫血,搭配菠菜食用效果更佳。

搭配宜忌

 ✓ 鸡肝 + 大米 = 辅助治疗贫血及夜盲症

 ✓ 鸡肝 + 菠菜 = 改善贫血

 ✗ 鸡肝 + 芥菜 = 降低营养价值

 ✗ 鸡肝 + 香椿 = 降低营养价值

补铁食谱

专家点评

鸡肝的铁含量较高，是一种常见的补血食物。除此之外，鸡肝中的维生素A含量也较为丰富，儿童适量进食鸡肝，有助于维持正常视力和健康肤色。

鸡肝面条

◀ 原料：

鸡肝50克，面条60克，小白菜50克，蛋液少许

◀ 调料：

盐、鸡粉各2克，食用油适量

◀ 做法：

1.小白菜切碎，面条折段；开水锅中倒入鸡肝，略煮片刻，捞出，待凉后剁碎。

2.锅中注水烧开，加食用油、盐、鸡粉，倒入面条，搅匀，盖上盖，用小火煮5分钟至面条熟软。

3.揭盖，放入小白菜、鸡肝，搅拌均匀。

4.煮至沸腾，倒入蛋液，搅匀煮沸，关火后盛出，装入碗中即成。

补铁食谱

专家点评

此粥质嫩味鲜、易于吸收，是防治儿童贫血的食疗佳品。其中圣女果含有的番茄红素，有促进人体生长发育和增强幼儿免疫力的作用。

鸡肝圣女果米粥

◀ 原料：

水发大米100克，圣女果70克，小白菜60克，鸡肝50克

◀ 调料：

盐少许

◀ 做法：

1.开水锅中倒入小白菜，略煮片刻，捞出；锅中再倒入圣女果，烫煮一会儿，捞出。

2.沸水锅中再放鸡肝，煮至熟透后捞出。

3.将放凉的小白菜剁成末；放凉的圣女果剥去表皮，剁成细末；放凉的鸡肝剁成泥。

4.汤锅中注水烧开，倒入大米，煮至熟软，放圣女果、鸡肝泥，加入盐，拌匀调味。

5.关火后盛出装碗，撒上小白菜末即成。

虾米

『推荐烹调法』
炒、蒸、炖、拌

▶含铁量:
11.0毫克/100克

▶补铁原理:
虾米除含铁外，还含有较多的镁，既能改善缺铁性贫血引起的异食癖，还能很好的保护儿童的心血管系统。

营养成分

虾米含蛋白质、脂肪、糖类、维生素B_1、维生素B_2、烟酸以及钙、磷、铁、硒、镁等。

营养功效

虾米富含磷、钙，对儿童有较好的补益功效，可预防儿童因缺钙所致的佝偻病。儿童饭菜里放一些虾，对提高食欲和增强体质都很有好处；常食虾还有镇静作用，常用来治疗神经衰弱等症，帮助儿童改善睡眠。

温馨提示

新鲜的虾体形完整，呈青绿色，外壳硬实、发亮，头、体紧紧相连，肉质细嫩，有弹性、有光泽。虾米做汤、做菜肴的配料均可。患有炎症和面部痤疮及过敏性鼻炎、支气管哮喘等病症的儿童不宜吃虾。

搭配宜忌

 ✓ 虾米 + 燕麦 = 有利于牛磺酸的合成

 ✓ 虾米 + 韭菜花 = 治夜盲、干眼、便秘

 ✓ 虾米 + 白菜 = 增强机体免疫力

 ✗ 虾米 + 南瓜 = 引发痢疾

补铁食谱

专家点评

虾米中含有铁、钙等矿物质，既能改善和调节机体的造血功能，还有助于儿童骨骼发育；冬瓜富含维生素C，能促进非血红素铁的吸收，增强补血效果。

冬瓜虾米汤

原料：

冬瓜400克，虾米40克，姜片、葱花各少许

调料：

盐2克，鸡粉3克，料酒、胡椒粉、食用油各适量

做法：

1.冬瓜切条；用油起锅，放入姜片，爆香，倒入虾米，炒出香味。

2.淋入料酒，炒匀提鲜，倒入适量清水，煮至沸。

3.放入切好的冬瓜，搅匀，用大火煮2分钟，至食材熟透。

4.加盐、鸡粉、胡椒粉，搅匀调味。

5.继续搅拌一会儿，盛出煮好的食材，装入碗中，撒上葱花即成。

补铁食谱

专家点评

此菜清脆爽口、美味营养。其中，虾米含多种微量元素，能保护心血管系统，减少儿童缺铁性贫血的发生；常食彩椒还能增强儿童食欲。

西瓜翠衣炒虾米

原料：

西瓜皮400克，彩椒70克，虾米50克，蒜末、葱段各少许

调料：

盐、鸡粉各2克，料酒8毫升，水淀粉4毫升，食用油适量

做法：

1.西瓜皮切成丁，彩椒切丁。

2.开水锅中倒入少许食用油，放入切好的彩椒、西瓜皮，煮至断生后捞出，待用。

3.用油起锅，倒入蒜末、葱段，爆香，放入虾米、料酒，炒匀。

4.倒入焯过水的彩椒和西瓜皮，炒匀。

5.加盐、鸡粉、水淀粉，炒匀调味，关火后盛出炒好的食材，装盘即成。

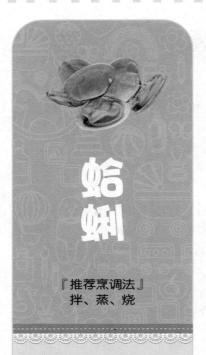

蛤蜊

『推荐烹调法』
拌、蒸、烧

▶含铁量：
10.9毫克/100克

▶补铁原理：
蛤蜊含有的铁容易消化吸收，有助于增强儿童的食欲，改善面色苍白的症状，且蛤蜊含有的维生素B_{12}还能加强补血效果。

营养成分

蛤蜊含蛋白质、脂肪、糖类、碘、钙、磷、铁、维生素B_1、维生素B_{12}、维生素E、维生素A、烟酸等。

营养功效

蛤蜊有滋阴、软坚、化痰的作用，蛤蜊里的牛磺酸，可以帮助胆汁合成，有助于胆固醇代谢，预防儿童肥胖；蛤蜊的钙质含量在海鲜中颇为突出，是不错的钙质来源，可以很好地促进儿童骨骼和牙齿的发育。

温馨提示

蛤蜊最好提前一天用水浸泡才能吐干净泥土。蛤蜊等贝类本身极富鲜味，烹制时千万不要再加味精，也不宜多放盐，以免鲜味反失。受凉感冒、体质阳虚、脾胃虚寒、腹泻便溏、寒性胃痛腹痛等病症的儿童不宜食用。

搭配宜忌

 ✔ 蛤蜊 + 豆腐 = 补气养血、美容养颜

 ✔ 蛤蜊 + 绿豆芽 = 清热解暑、利水消肿

 ✘ 蛤蜊 + 大豆 = 破坏维生素B_1

 ✘ 蛤蜊 + 芹菜 = 破坏维生素C

专家点评

　　蛤蜊是含铁丰富的海鲜，儿童食用，可使面色滋润，改善贫血症状；白玉菇含有维生素E、铁、钙等营养物质，有清热、排毒的作用。

双菇蛤蜊汤

◆ 原料：

蛤蜊150克，白玉菇段、香菇块各100克，姜片、葱花各少许

◆ 调料：

鸡粉、盐、胡椒粉各2克

◆ 做法：

1.锅中注入适量清水烧开，倒入洗净切好的白玉菇、香菇。

2.倒入备好的蛤蜊、姜片，搅拌均匀。

3.盖上盖，煮约2分钟。

4.揭开盖，放入鸡粉、盐、胡椒粉，拌匀调味。

5.盛出煮好的汤料，装入碗中，撒上葱花即成。

专家点评

　　蛤蜊肉含铁丰富，常食可预防儿童贫血，其含有的不饱和脂肪酸，还能促进儿童大脑和神经系统的发育，增强其记忆力和学习能力。

西蓝花蛤蜊粥

◆ 原料：

西蓝花90克，蛤蜊200克，水发大米150克，姜片少许

◆ 调料：

盐、鸡粉各2克，食用油适量

◆ 做法：

1.锅中注水烧开，倒入蛤蜊，煮至壳开，捞出，用清水洗净，取出蛤蜊肉。

2.西蓝花切小块；砂锅中注水烧开，倒入泡好的大米，搅匀。

3.大火烧开后转小火煮至大米熟软，放入姜片、蛤蜊肉，搅匀，注入适量食用油。

4.倒入西蓝花，搅匀，煮至食材熟透。

5.加入盐、鸡粉，拌至入味，盛出即成。

猪血

『推荐烹调法』
炒、烧、炖

▶含铁量：
8.7毫克/100克

▶补铁原理：
猪血中含铁量较高，而且以血红素铁的形式存在，容易被人体吸收利用，能增强补血效果，堪称"养血之王"。

营养成分

猪血中含蛋白质、脂肪、糖类、维生素K、维生素B_1、维生素B_2、烟酸、维生素E、钙、铁、磷、钾、锌、钴等。

营养功效

猪血中蛋白质所含的氨基酸比例与人体中氨基酸的比例接近，非常容易被机体吸收利用，适合发育期的儿童食用。猪血所含的锌、铜等元素，可提高免疫功能；猪血中还含有一定量的卵磷脂，有助于增强记忆力。

温馨提示

选购猪血时，可先将猪血切开，切面粗糙、有不规则小孔和淡腥味的为优质猪血。买回猪血后注意不要让凝块破碎，然后放入开水中氽煮片刻，可作为做汤的主料和副料；烹调时最好加入辣椒、葱、姜等作料，用以压味。

搭配宜忌

 ✔ 猪血 + 菠菜 = 润肠通便

 ✔ 猪血 + 葱 = 生血、止血

 ✔ 猪血 + 韭菜 = 清肺健胃

 ✘ 猪血 + 大豆 = 引起消化不良

补铁食谱

专家点评

食用猪血能增加儿童铁的摄入量，预防缺铁性贫血；而韭菜含有维生素B₁、胡萝卜素、维生素C和硫化物等多种营养物质，可行气理血、益肝健胃。

韭菜炒猪血

◗ **原料：**

韭菜150克，猪血200克，彩椒70克，姜片、蒜末各少许

◗ **调料：**

盐4克，鸡粉2克，沙茶酱15克，水淀粉8毫升，食用油适量

◗ **做法：**

1.韭菜切段，彩椒切粒，猪血切小块。

2.开水锅中加2克盐，倒入猪血块，煮至其五成熟，捞出沥干，待用。

3.用油起锅，放入姜片、蒜末，爆香，加入彩椒、韭菜段、沙茶酱，炒匀。

4.倒入汆过水的猪血，加入清水、2克盐、鸡粉、水淀粉，炒匀，盛出装盘即成。

补铁食谱

专家点评

猪血中的铁容易被吸收利用，能促进红细胞的生成；黄豆芽含有蛋白质、维生素C、维生素B₁、维生素B₂、钙、铁等营养成分，具有促进骨骼发育等功效。

黄豆芽猪血汤

◗ **原料：**

猪血270克，黄豆芽100克，姜丝、葱丝各少许

◗ **调料：**

盐、鸡粉各2克，芝麻油、胡椒粉各适量

◗ **做法：**

1.猪血切小块，备用。

2.锅中注入适量清水烧热，倒入猪血、姜丝，拌匀，用中小火煮10分钟。

3.加入盐、鸡粉，放入洗净的黄豆芽，拌匀，用小火煮2分钟至熟。

4.撒上胡椒粉，淋入少许芝麻油，搅拌均匀，至食材入味。

5.盛出煮好的猪血汤，放上葱丝即成。

牡蛎

『推荐烹调法』
炖、烧、拌、焗

▶含铁量：
7.1毫克/100克

▶补铁原理：
牡蛎营养丰富，含有的铁也易消化吸收，可减少缺铁性贫血的发生。同时，牡蛎中含有的肝糖元还能增强红细胞的活性，可以提高肝功能，增强体力。

营养成分

牡蛎含蛋白质、糖类、B族维生素、维生素A、胡萝卜素、维生素E、钙、磷、铁、锌等。

营养功效

牡蛎中含有的氨基酸可以提高肝脏功能，抑制乳酸的积蓄，帮助加快疲劳的恢复与体力的增进。另外，食用牡蛎可以防止皮肤干燥，促进皮肤的新陈代谢，有助于皮肤润滑；食用牡蛎后，可在人体内合成谷胱甘肽，能提高机体免疫力。

温馨提示

新鲜的牡蛎在温度很低的情况下，如0℃以下时，还可以多存活5～10天，但是其肥度就会降低，口感也会有变化，宜现买现吃。牡蛎干泡发的方法：先准备一盆热水，将少许小苏打粉溶于热水中，然后把牡蛎干放在热水中浸泡即可。

搭配宜忌

 ✓ 牡蛎 + 鸡蛋 = 促进骨骼生长

 ✓ 牡蛎 + 豆腐 = 清热泻火、益气解毒

 ✓ 牡蛎 + 豆瓣酱 = 去腥

 ✗ 牡蛎 + 芹菜 = 降低锌的吸收

补铁食谱

专家点评

牡蛎中含有的铁能直接被机体吸收，长时间食用牡蛎后，儿童异食癖或注意力不集中等缺铁症状会得到好转，且牡蛎中的糖元还能提高大脑的活动效率。

白萝卜牡蛎汤

◖原料：

白萝卜丝30克，牡蛎肉40克，姜丝、葱花各少许

◖调料：

料酒10毫升，盐、鸡粉各2克，芝麻油、胡椒粉、食用油各适量

◖做法：

1.锅中注水烧开，倒入白萝卜丝、姜丝，放入牡蛎肉，搅拌均匀。

2.淋入少许食用油、料酒，搅拌均匀，焖煮5分钟至食材熟透。

3.加入芝麻油、胡椒粉、鸡粉、盐，搅拌片刻，使食材入味。

4.盛出装碗，撒上葱花即成。

补铁食谱

专家点评

牡蛎既有补铁功效，其含有的牛磺酸、DHA、EPA，还是智力发育所需的重要营养素，能提高儿童大脑的活动效率，增强儿童的学习能力。

生蚝夏南瓜汤

◖原料：

南瓜120克，白萝卜150克，生蚝肉85克，海带汤300毫升，葱花少许

◖调料：

盐3克，鸡粉2克，料酒少许

◖做法：

1.南瓜切片，去皮的白萝卜切薄片。

2.开水锅中倒入洗净的生蚝肉，淋入料酒，拌匀，余去腥味，捞出待用。

3.锅中注水烧热，倒海带汤，大火烧开。

4.倒入白萝卜、南瓜，拌匀，略煮片刻，倒入生蚝肉，拌匀，煮至食材熟软。

5.加盐、鸡粉，拌匀调味，盛出煮好的南瓜汤装入碗中，撒上葱花即成。

猪腰

『推荐烹调法』
炒、烧、爆、炸、炝

▶ 含铁量：
6.1毫克/100克

▶ 补铁原理：
猪腰所含的铁是血红素铁，较植物中含有的铁更容易消化吸收，儿童适量食用猪腰可以降低患缺铁性贫血的风险。

营养成分

猪腰含蛋白质、脂肪、糖类、胆固醇、维生素A、维生素B_1、维生素B_2、维生素C、钙、磷、钾、铁等。

营养功效

猪腰味甘咸、性平，入肾经，有补肾、益气、消积滞的作用，对儿童腹胀腹满有较好的食疗作用，有助于减少对胃肠的损害，促进儿童对营养物质的吸收。此外，猪腰还有利尿、消渴的作用，可以预防儿童水肿。

温馨提示

选购猪腰时，应以表面无出血点的为佳。新鲜的猪腰食用前，需先洗净其外表部分，摘去附着物，剥去薄膜，剖开、剔去筋，切成所需的片；切片后，为去其腥膻味，可用葱姜汁泡约2小时，换两次清水，泡至腰片发白膨胀即可。

搭配宜忌

 ✔ 猪腰 + 银耳 = 补肾

 ✔ 猪腰 + 豆芽 = 滋肾润燥

 ✔ 猪腰 + 竹笋 = 补肾利尿

 ✘ 猪腰 + 茶树菇 = 影响营养的吸收

专家点评

猪腰含有蛋白质、铁、维生素、钙、脂肪和糖类等营养成分，既能补血养颜，还能消积滞、止消渴。此外，红枣也是养血佳品。

清炖猪腰汤

● 原料：

猪腰130克，红枣8克，枸杞、姜片各少许

● 调料：

盐、鸡粉各少许，料酒4毫升

● 做法：

1. 猪腰切薄片；锅中注水烧热，放猪腰片，淋料酒，大火煮至猪腰变色，捞出。
2. 将氽好的猪腰放入炖盅中，倒入红枣、枸杞和姜片。
3. 注入适量开水，淋入料酒，静置片刻，待用。
4. 蒸锅上火烧开，放入备好的炖盅，用小火炖约1小时。
5. 加盐、鸡粉，搅拌至食材入味即成。

专家点评

猪腰是含铁丰富的内脏器官，儿童适量食用，对防治缺铁性贫血有利，尤其是对缺铁表现出的姜黄、唇无血色、发无光泽等症状有缓解作用。

彩椒炒猪腰

● 原料：

猪腰150克，彩椒110克，姜末、蒜末、葱段各少许

● 调料：

盐、鸡粉各少许，生粉10克，水淀粉5毫升，蚝油8毫升，料酒、食用油各适量

● 做法：

1. 彩椒切小块；猪腰除筋膜，切片，加盐、鸡粉、料酒、生粉，拌匀，腌渍10分钟。
2. 开水锅中加盐、食用油，分别将彩椒、猪腰氽煮断生后捞出，待用。
3. 炒锅注油烧热，放姜、蒜、葱，爆香，倒入猪腰，淋入料酒，放入彩椒，炒匀。
4. 加盐、鸡粉、蚝油、水淀粉，炒匀即成。

鸽

『推荐烹调法』
炖、烧、煮、煲

▶含铁量：
3.8毫克/100克

▶补铁原理：
民间常称鸽子为"甜血动物"，其富含血红素铁，易于被人体吸收，缺铁性贫血的儿童食用后可改善其体虚苍白、瘦弱无力、注意力不集中等现象。

营养成分

鸽肉含蛋白质、脂肪、维生素A、维生素B_1、维生素B_2、维生素E、烟酸、铁、钙、磷、钾等。

营养功效

鸽肉富含蛋白质，且消化率高，既能促进血液循环，加快儿童的新陈代谢，还能为组织器官的发育提供原材料。常吃鸽肉还能改善大脑功能，有助于增强记忆力；鸽肉还是较好的滋补食物，能加快伤口愈合，对不小心划伤的儿童有食疗作用。

温馨提示

鸽肉四季均可食用，春、夏初时较为肥美。但鸽肉较容易变质，购买后要马上放进冰箱保存。鸽肉鲜嫩味美，清蒸或煲汤能最大限度地保存其营养成分；油炸鸽子的配料不能少了蜂蜜、甜面酱、五香粉和熟花生油。

搭配宜忌

 ✔ 鸽肉 + 猪肉 = 增强免疫力

 ✔ 鸽肉 + 甲鱼 = 滋肾益气

 ✘ 鸽肉 + 猪肝 = 易致皮肤色素沉淀

 ✘ 鸽肉 + 黑木耳 = 易面生黑斑

专家点评

　　乳鸽含有蛋白质、B族维生素、钙、铁等营养成分，具有益气补血、增强皮肤弹性、改善血液循环等功效，适合发育期的儿童食用。

红枣乳鸽粥

❶原料：

乳鸽块270克，水发大米120克，红枣25克，姜片、葱段各少许

❶调料：

盐、料酒、老抽、蚝油、食用油各适量

❶做法：

1.洗净的红枣切开去核，把果肉切成小块。

2.将乳鸽块装碗，加盐、料酒、蚝油、姜片、葱段，拌匀，腌至入味。

3.用油起锅，倒入乳鸽肉，加料酒、老抽，炒匀上色，盛出乳鸽，拣去姜片、葱段。

4.砂锅注水烧开，倒入大米、红枣，拌匀，煮开后转小火煮10分钟，倒入炒好的乳鸽。

5.续煮20分钟至熟，搅拌均匀，盛出即成。

专家点评

　　乳鸽中的铁容易消化吸收，不易引起过敏；淡菜含有丰富的蛋白质，其中有8种人体必需的氨基酸，还含有钙、锌等营养成分，能增强儿童免疫力。

淡菜枸杞煲老鸽

❶原料：

老鸽肉200克，淡菜150克，枸杞、红枣各少许，高汤适量

❶调料：

盐2克

❶做法：

1.锅中注水烧开，放入鸽肉，煮5分钟，汆去血水，捞出，过一遍凉水。

2.砂锅中注入高汤烧开，加鸽肉、红枣、淡菜，拌匀，盖上盖，大火煮开。

3.转中火煮1.5小时至食材熟软，放入备好的枸杞。

4.加盐，搅拌均匀，至食材入味。

5.煮约10分钟，将煮好的汤料盛出即成。

牛肉

『推荐烹调法』
烧、炖、煮

▶含铁量：
3.3毫克/100克

▶补铁原理：
牛肉中的铁元素是人体容易吸收的动物性血红素铁，比较适合8个月到2岁容易出现生理性贫血的儿童食用。

营养成分

牛肉含蛋白质、脂肪、维生素B_1、维生素B_2、钙、磷、铁、肌醇、黄嘌呤、牛磺酸等。

营养功效

牛肉中的肌氨酸含量较高，对增长肌肉、增强体力特别有效，有助于紧张训练后身体的恢复，能加强儿童的运动机能。牛肉含有足量的维生素B_6，其含有的锌与维生素B_6共同作用，能增强免疫系统功能。

温馨提示

选购牛肉时应注意，新鲜牛肉有光泽，红色均匀，脂肪洁白或淡黄色。烹饪时放一个山楂、一块橘皮或一点茶叶，牛肉更易熟烂。牛肉的纤维组织较粗，结缔组织多，应横切，将长纤维切断，不能顺着纤维组织切，否则不仅没法入味，还不易嚼烂。

搭配宜忌

 ✔牛肉 + 土豆 = 保护胃黏膜

 ✔牛肉 + 洋葱 = 补脾健胃

 ✔牛肉 + 枸杞 = 养血补气

 ✘牛肉 + 鲇鱼 = 引起中毒

补铁食谱

花生牛肉粥

● 原料：

水发大米120克，牛肉50克，花生米40克，姜片、葱花各少许

● 调料：

盐、鸡粉各2克，料酒适量

● 做法：

1.洗好的牛肉切成片，改切成丁，用刀剁几下；开水锅中放入牛肉，淋入料酒，搅匀，汆去血水，捞出沥干。

2.砂锅中注水烧开，倒入牛肉，放入姜片、花生米，倒入大米，搅拌均匀。

3.烧开后用小火煮30分钟至食材熟软。

4.加盐、鸡粉，搅匀调味，撒上备好的葱花，搅匀，关火后盛出装碗即成。

专家点评

　　牛肉属红肉，含有血红素铁，可直接被吸收，能促进红细胞的生成；花生含有维生素A、维生素D、铁等营养成分，具有促进脑细胞发育、健脾和胃等功效。

补铁食谱

牛肉南瓜汤

● 原料：

牛肉120克，南瓜95克，胡萝卜70克，洋葱50克，牛奶100毫升，高汤800毫升，黄油少许

● 做法：

1.洋葱、胡萝卜切粒状，南瓜切小丁块。

2.牛肉去除肉筋，切粒。

3.煎锅置于火上，倒入黄油，搅拌均匀，至其溶化。

4.倒入牛肉，炒至变色，放入备好的洋葱、南瓜、胡萝卜，炒至食材变软。

5.加入牛奶，倒入高汤，搅匀，用中火煮约10分钟至食材熟透、入味。

6.盛出煮好的南瓜汤，装入碗中即成。

专家点评

　　此汤滋润可口、营养丰富。其中牛肉铁含量高，具有较好的补血效果；胡萝卜和南瓜都含有较多的胡萝卜素，能保护儿童视力，预防近视的发生。

鹌鹑蛋

『推荐烹调法』
炖、煮、蒸

▶含铁量：
3.2毫克/100克

▶补铁原理：
鹌鹑蛋含有易吸收的铁，可补充人体所需的铁元素，改善儿童因缺铁引起的疲乏困倦、注意力不集中、免疫功能低下等症。

营养成分

鹌鹑蛋含蛋白质、脂肪、糖类、胆固醇、维生素A、维生素B$_1$、维生素B$_2$、维生素E、钙、铁、磷、镁等。

营养功效

鹌鹑蛋含有丰富的卵磷脂和脑磷脂，是高级神经活动不可缺少的营养物质，具有健脑的作用。吃鹌鹑蛋能预防因吃鱼虾发生的皮肤过敏、呕吐以及药物性过敏症，对改善儿童过敏有益。常食鹌鹑蛋还有助于提高儿童睡眠质量。

温馨提示

选购时需注意，优质的鹌鹑蛋色泽鲜艳、壳硬，蛋黄呈深黄色，蛋白黏稠。鹌鹑蛋一般要先煮熟，然后剥掉外壳，再与其他食材搭配做成菜肴。对贫血儿童来说，将鹌鹑蛋与桂圆、薏米、大枣、红糖搭配食用，防治贫血的效果更佳。

搭配宜忌

 ✓ 鹌鹑蛋 + 韭菜 = 补益健体

 ✓ 鹌鹑蛋 + 银耳 = 补益脾胃、润肺滋阴

 ✗ 鹌鹑蛋 + 螃蟹 = 引起中毒

 ✗ 鹌鹑蛋 + 香菇 = 易长黑斑

补铁食谱

鹌鹑蛋龙须面

◐原料：

龙须面120克，熟鹌鹑蛋75克，海米10克，生菜叶30克

◐调料：

盐2克，食用油适量

◐做法：

1.洗净的生菜叶切碎，备用。

2.砂锅中注入适量清水烧开，淋入少许食用油，撒上海米，略煮片刻。

3.放入折断的龙须面，拌匀，煮至软。

4.盖上盖，用中火煮约3分钟，至其熟透；揭开盖，加盐，倒入熟鹌鹑蛋，拌匀，煮至汤汁沸腾。

5.放入生菜，煮至断生，盛出装碗即成。

专家点评

鹌鹑蛋含有蛋白质、维生素、铁、磷、钙等营养成分，有补益气血、强身健脑等功效；龙须面含淀粉丰富，能为儿童的生长发育提供充足的能量。

补铁食谱

鹌鹑蛋牛奶

◐原料：

熟鹌鹑蛋100克，牛奶80毫升

◐调料：

白糖5克

◐做法：

1.将熟鹌鹑蛋对半切开，备用。

2.砂锅中注入适量清水烧开，倒入牛奶，放入鹌鹑蛋，搅拌片刻。

3.盖上锅盖，烧开后用小火煮约1分钟。

4.揭开锅盖，加入白糖，搅拌均匀，煮至糖溶化。

5.关火后盛出煮好的汤料，装入碗中，待稍微放凉即可食用。

专家点评

鹌鹑蛋是常见的补血食材，方便易得，是补血首选；牛奶含钙较多，儿童食用能增强骨骼和牙齿的发育。儿童常食本品可增强体质，提高免疫力。

木耳

『推荐烹调法』
炒、炖、氽、拌

▶含铁量：
97.4毫克/100克
▶补铁原理：
黑木耳是各类食物中含铁较多的食物，有益气补血、润肺镇静、凉血止血的功效，常食木耳可以预防贫血。

营养成分

木耳含蛋白质、糖类、膳食纤维、钾、钙、磷、镁、铁、硒、胡萝卜素、维生素B_1、维生素B_2、烟酸、维生素E等。

营养功效

黑木耳营养丰富全面，是天然的滋补佳品。其含有的蛋白质、维生素和矿物质是儿童生长发育所必需的营养成分，有助于各组织器官的发育和骨骼的生长。此外，木耳中的卵磷脂还有助于儿童大脑和神经系统功能的发育。

温馨提示

食用干木耳更安全。这是因为新鲜木耳中含有一种叫"卟啉"的特殊物质，人食用后经太阳照射可引起儿童皮肤瘙痒、水肿，而水发的干木耳去掉了大部分卟啉，可放心食用。泡发干木耳应用温水或烧开的米汤泡发，可使木耳肥大松软，味道鲜美。

搭配宜忌

 ✅ 木耳 + 草鱼 = 促进血液循环

 ✅ 木耳 + 猪血 = 增强体质

 ✅ 木耳 + 春笋 = 补血

 ❌ 木耳 + 白萝卜 = 引发皮炎

专家点评

　　自古以来，木耳就被当作补血佳品，能预防和治疗儿童缺铁性贫血；上海青含有胡萝卜素、钙、维生素B₁等营养成分，能保持血管弹性，增强活血效果。

木耳炒上海青

原料：

上海青150克，木耳40克，蒜末少许

调料：

盐3克，鸡粉2克，料酒3毫升，水淀粉、食用油各适量

做法：

1.木耳切小块，放入开水锅中，加1克盐，搅匀，略煮片刻，捞出。

2.用油起锅，放入蒜末，爆香，倒入洗净的上海青，翻炒至其熟软。

3.放入焯煮好的木耳，翻炒匀。

4.加2克盐、鸡粉、料酒，炒匀调味，倒入水淀粉，拌炒均匀。

5.将炒好的菜盛出，装入盘中即成。

专家点评

　　儿童常食木耳，能促进胃肠蠕动，增强食欲，对缓解儿童缺铁症状非常有利。此外，百合含有淀粉、钙等成分，有滋补养身、养心安神的功效。

木耳炒百合

原料：

水发木耳50克，鲜百合40克，胡萝卜70克，姜片、蒜末、葱段各少许

调料：

盐3克，鸡粉2克，料酒3毫升，生抽4毫升，水淀粉、食用油各适量

做法：

1.胡萝卜切片，木耳切小块。

2.开水锅中加1克盐，放入胡萝卜片、木耳，淋入食用油，搅匀，略煮片刻，捞出沥干。

3.用油起锅，放入姜、蒜、葱，爆香，倒入百合，炒匀，淋入料酒，倒入焯好的食材。

4.炒至熟透，加2克盐、鸡粉、生抽、水淀粉，翻炒入味，盛出装盘即成。

紫菜

『推荐烹调法』
煮、炖、拌、炒

▶含铁量：
54.9毫克/100克

▶补铁原理：
倘若人体内铁的储存不足，将会影响红细胞的正常功能，不利于儿童的正常发育，而紫菜的摄入可以补充机体所需的铁。

营养成分

紫菜富含蛋白质、维生素A、维生素C、维生素B$_1$、维生素B$_2$、碘、钙、铁、磷、锌、锰、铜等。

营养功效

紫菜是海产红藻，其含有丰富的钙、铁、锌等营养元素，经常食用能增强儿童记忆，治疗贫血，促进骨骼、牙齿的生长和保健。此外，紫菜中含有的维生素A，还有保护视力、预防近视的作用；紫菜中含有较多的碘，还可以防治大脖子病。

温馨提示

选购紫菜时，以表面光滑滋润、紫褐色或紫红色、有光泽、片薄、大小均匀、有紫菜特有的清香、质嫩体轻、身干、无杂质者为上品。紫菜在烹调过程中忌与高酸、高碱的作料或配料接触，以免产生化学反应，使营养物质丢失或引起胃肠不良反应等。

搭配宜忌

 ✔紫菜 + 鸡蛋 = 促进营养素的吸收

 ✔紫菜 + 紫甘蓝 = 吸收更多的营养

 ✔紫菜 + 白萝卜 = 清肺热、治咳嗽

 ✘紫菜 + 柿子 = 影响钙的吸收

紫菜萝卜蛋汤

❶原料：

水发紫菜160克，白萝卜230克，鸭蛋1个，陈皮末、葱花各少许

❶调料：

盐、鸡粉各2克，芝麻油适量

❶做法：

1.洗净去皮的白萝卜切成细丝；鸭蛋打入碗中，打散调匀，制成蛋液，待用。

2.锅中注入适量清水烧热，倒入陈皮末，用大火煮沸。

3.倒入白萝卜，煮至断生，下入紫菜，拌匀，煮至沸，加入盐、鸡粉、芝麻油，拌匀调味，撇去浮沫。

4.倒入蛋液，拌匀，煮至蛋花浮现，盛出煮好的蛋汤，撒上葱花即成。

专家点评

常食紫菜可补充体内对铁元素量的需求，促进血红蛋白再生，既可防治缺铁性贫血，又可增强体质、健脑益智，适合儿童食用。

西红柿紫菜蛋花汤

❶原料：

西红柿100克，鸡蛋1个，水发紫菜50克，葱花少许

❶调料：

盐、鸡粉各2克，胡椒粉、食用油各适量

❶做法：

1.西红柿切小块，鸡蛋打散、搅匀。

2.用油起锅，倒入西红柿，翻炒片刻。

3.加水煮沸，用中火煮1分钟，放入洗净的紫菜，搅匀，加鸡粉、盐、胡椒粉，搅匀调味。

4.倒入蛋液，搅散，搅动至浮起蛋花。

5.盛出煮好的蛋汤，装入碗中，撒上葱花即成。

专家点评

紫菜含铁较高，常食能防治儿童贫血，增强幼儿记忆力；且紫菜中含有的硒，是一种重要的微量元素，能增强机体免疫功能。

银耳

『推荐烹调法』
煮、炒、煲

▶含铁量：
4.1毫克/100克

▶补铁原理：
银耳具有补气、和血、强身的作用，其含有的铁是制造血红蛋白的重要元素，对改善儿童缺铁性贫血非常有益。

营养成分

银耳含蛋白质、脂肪、糖类、膳食纤维、维生素A、胡萝卜素、烟酸、维生素D、海藻糖、铁、磷等。

营养功效

银耳富含膳食纤维，能帮助胃肠蠕动，减少脂肪的吸收，预防儿童肥胖；常食银耳还能防止钙的流失，对生长发育十分有益；银耳中含有的硒可以增强机体免疫力，降低感冒的发生率；银耳还能提高肝脏解毒能力，具有保肝作用。

温馨提示

购买时应注意，颜色过于洁白的银耳不要购买，宜选择色泽鲜白带微黄，有光泽，朵大体轻，肉质肥厚的。食用银耳前，最好先在开水中泡发，且去掉未发开的部分；炖好的银耳放入冰箱冰镇后饮用，味道更佳。

搭配宜忌

 ✔ 银耳 + 鸭蛋 = 滋肾补脑

 ✔ 银耳 + 菊花 = 润燥除烦

 ✔ 银耳 + 山药 = 滋阴润肺

 ✘ 银耳 + 白萝卜 = 易患皮炎

紫薯银耳羹

●原料：

紫薯55克，红薯45克，水发银耳120克

●做法：

1.洗好的紫薯、红薯切丁。

2.水发好的银耳切去黄色根部，撕成小朵，备用。

3.砂锅中注入适量清水烧热，倒入红薯丁、紫薯丁，搅匀。

4.烧开后用小火煮约20分钟，至全部食材变软。

5.加入备好的银耳，搅散，用小火续煮约10分钟，至食材熟透。

6.搅拌均匀，关火后盛出煮好的银耳羹，装入碗中即成。

补铁食谱

专家点评

银耳营养丰富，具有润肠益胃、补气和血、美容嫩肤等功效，对面色苍白的贫血儿童有较好的食疗作用；红薯和紫薯还能促进胃肠蠕动，预防幼儿肥胖。

凤梨银耳

●原料：

水发银耳100克，菠萝肉125克

●调料：

冰糖30克，蜂蜜25克

●做法：

1.将冰糖用刀背拍碎，备用。

2.处理好的菠萝肉切成片，再切成条。

3.泡发好的银耳切去黄色根部，撕成小块，待用。

4.碗中倒入菠萝肉、银耳，放入冰糖，搅匀，淋入蜂蜜。

5.搅拌片刻，用保鲜膜封住碗口，冷藏1小时。

6.取出材料，撕去保鲜膜，装盘即成。

补铁食谱

专家点评

银耳既是食材，又是药材，儿童常食能预防缺铁性贫血；菠萝含有柠檬酸、B族维生素、维生素C等营养成分，具有促进新陈代谢、开胃消食等功效。

菠菜

『推荐烹调法』
炒、拌

▶含铁量:
2.9毫克/100克
▶补铁原理:
菠菜是含铁较高的蔬菜,对儿童缺铁性贫血有较好的辅助治疗作用,能增强儿童食欲,尤其能防止儿童出现异食癖。

营养成分

菠菜含蛋白质、脂肪、糖类、维生素A、维生素C、烟酸、钙、铁、钾、胡萝卜素、叶酸、草酸、磷脂等营养成分。

营养功效

菠菜含有大量的植物粗纤维,具有促进肠道蠕动的作用,利于排便,且能促进胰腺分泌,帮助消化,增加儿童对营养物质的吸收。菠菜中所含的胡萝卜素,在人体内能转变成维生素A,对维护儿童正常视力和上皮细胞的健康非常有利。

温馨提示

挑选菠菜时,以色泽鲜绿、无枯黄叶、花斑叶,植株健壮,整齐而不断,不抽薹的为佳。在烹制菠菜前,可先用开水烫一下或用水煮一下,然后再凉拌、炒食或做汤,这样既可保全菠菜的营养成分,又可除掉其80%以上的草酸。

搭配宜忌

 ✔ 菠菜 + 猪肝 = 提供丰富的营养

 ✔ 菠菜 + 胡萝卜 = 保持心血管的畅通

 ✔ 菠菜 + 鸡血 = 保肝护肾

 ✘ 菠菜 + 大豆 = 损害牙齿

补铁食谱

专家点评

菠菜富含类胡萝卜素、维生素C、维生素K、矿物质等营养素，与芹菜熬粥，滋润爽口，有补气血、通肠胃、活血脉等作用，适合面色苍白的缺铁儿童食用。

菠菜芹菜粥

◉原料：

水发大米140克，菠菜60克，芹菜35克

◉做法：

1.将洗净的菠菜切小段，芹菜切丁。

2.砂锅中注入适量清水烧开，放入洗净的大米，搅拌匀，使其散开。

3.盖上盖，烧开后用小火煮约35分钟，至米粒变软。

4.揭盖，倒入切好的菠菜，拌匀。

5.放入芹菜丁，拌匀，煮至断生。

6.关火后盛出芹菜粥，装在碗中即成。

补铁食谱

专家点评

菠菜是较好的补铁养血食材；鸡蛋含有蛋白质、卵磷脂、维生素A、维生素D、铁、磷、钙等营养成分，具有促进儿童大脑发育、增强免疫力等功效。

菠菜炒鸡蛋

◉原料：

菠菜65克，鸡蛋2个，彩椒10克

◉调料：

盐、鸡粉各2克，食用油适量

◉做法：

1.彩椒去子，切丁；菠菜切粒。

2.鸡蛋打入碗中，加入盐、鸡粉，搅匀打散，制成蛋液，待用。

3.用油起锅，倒入蛋液，翻炒均匀，加入彩椒，翻炒匀。

4.倒入菠菜粒，炒至食材熟软。

5.关火后盛出炒好的菜肴，装入备好的盘中即成。

苋菜

『推荐烹调法』
炒、拌、炝

▶含铁量：
2.9毫克/100克
▶补铁原理：
苋菜含有较高的铁，具有促进凝血、增加血红蛋白含量并提高携氧能力、促进造血等功能，可预防儿童贫血。

营养成分

苋菜含蛋白质、脂肪、糖类、粗纤维、胡萝卜素、维生素B_3、维生素C、钙、磷、铁、钾、钠等。

营养功效

苋菜叶富含易被人体吸收的钙质，对儿童牙齿和骨骼的生长具有促进作用，并能维持正常的心肌活动，防止肌肉痉挛；苋菜富含膳食纤维，常食可以减肥轻身，促进排毒，防止便秘，预防儿童肥胖。

温馨提示

烹调苋菜时一般以炒、拌为主，注意烹调时间不宜过长。在炒苋菜的过程中会产生大量的水分，所以在炒制过程中不用加水；若想让苋菜蒜香扑鼻，可在出锅前放入蒜末。此外，苋菜不耐久放，最好尽快吃完，短期存放可用保鲜膜包裹或放入保鲜袋，置于冰箱冷藏。

搭配宜忌

 ✓ 苋菜 + 猪肝 = 增强免疫力

 ✓ 苋菜 + 鸡蛋 = 滋阴润燥

 ✗ 苋菜 + 甲鱼 = 引起中毒

 ✗ 苋菜 + 菠菜 = 降低营养价值

专家点评

　　儿童食用苋菜，具有补气养血、清热利湿、明目等功效；高汤富含蛋白质，有助于儿童各方面能力的提高，尤其是肌肉组织的发育。

橄榄油芝麻苋菜

◐ 原料：

苋菜200克，高汤250毫升，熟白芝麻、蒜片各少许

◐ 调料：

盐2克，橄榄油少许

◐ 做法：

1.砂锅中注入适量清水烧开，倒入洗净的苋菜，拌匀，煮至变软。

2.捞出苋菜，沥干水分，装入碗中，待用。

3.锅置火上，倒入少许橄榄油，放入蒜片，爆香，注入高汤，用大火略煮片刻。

4.加入盐，拌匀，煮至沸腾，撒上白芝麻，拌匀，调成味汁。

5.关火后盛出味汁，浇在苋菜上即成。

专家点评

　　苋菜补血的同时，其含有的其他营养物质，如钙、胡萝卜素、B族维生素，还具有保护视网膜、促进机体新陈代谢等作用，对儿童有益。

苋菜嫩豆腐汤

◐ 原料：

苋菜叶120克，豆腐块150克，姜片、葱花各少许

◐ 调料：

盐2克，食用油少许

◐ 做法：

1.开水锅中倒入洗净切好的豆腐块，搅拌匀，略煮片刻，捞出待用。

2.锅中注入适量食用油烧热，放入姜片，倒入苋菜叶，翻炒至熟软。

3.注入适量清水，搅拌匀，煮约1分钟。

4.倒入氽煮好的豆腐，搅拌匀，加入盐，拌匀调味。

5.盛出煮好的汤料，撒上葱花即成。

藕粉

『推荐烹调法』
泡、煮、拌

▶含铁量：
17.9毫克/100克
▶补铁原理：
藕粉性平、味甘咸，有补益气血、调中开胃的功效，可治虚损失血、泻痢食少，是贫血儿童的食疗佳品。

营养成分

藕粉含黏液蛋白、膳食纤维、铁、钙、钠、锌、镁、硒、植物蛋白质、维生素B$_2$、烟酸、淀粉、单宁酸等。

营养功效

莲藕中含有的黏液蛋白和膳食纤维，能与人体内胆酸盐、食物中的胆固醇及三酰甘油结合，使其从粪便中排出，从而减少脂类的吸收，预防儿童肥胖；其含有的鞣质有健脾止泻作用，能增进食欲，促进消化，对改善儿童食欲不佳有利。

温馨提示

纯藕粉含有大量的铁质和还原糖等成分，与空气接触后极易因氧化而使藕粉的颜色由白转微红。藕粉正确的冲泡方式：先加少量冷水（刚没过藕粉的量），搅匀至看不见颗粒状的藕粉为止，再加入滚烫的开水，快速搅拌，直至藕粉变成淡褐色透明的胶状。

搭配宜忌

 ✔ 藕粉 + 白糖 = 生津止渴、清热除烦

 ✔ 藕粉 + 银耳 = 清热润燥、止血

 ✔ 藕粉 + 麦片 = 补脾养心

 ✘ 藕粉 + 酸奶 = 导致腹泻

补铁食谱

专家点评

藕粉入口香滑，富含微量元素铁和维生素B12等养血因子，主功效为养血；藕粉中含有黏液蛋白和膳食纤维，还能增进食欲、促进消化。

藕粉糊

◐原料：

藕粉120克

◐做法：

1.将藕粉倒入碗中，倒入少许清水，搅拌均匀，调成藕粉汁，待用。

2.砂锅中注入适量清水，大火烧开。

3.倒入调好的藕粉汁，边倒边搅拌，至其呈糊状。

4.用中火略煮片刻。

5.关火后盛出煮好的藕粉糊，装碗即成。

补铁食谱

专家点评

藕粉羹香甜可口，含有的营养物质易于消化吸收，能预防儿童贫血。其中，哈密瓜含有苹果酸、果胶、B族维生素、维生素C等营养成分，具有增强免疫力等功效。

水果藕粉羹

◐原料：

哈密瓜150克，苹果60克，葡萄干20克，糖桂花30克，藕粉45克

◐调料：

白糖适量

◐做法：

1.把藕粉装入碗中，加入少许清水，搅拌均匀，待用。

2.苹果、哈密瓜去皮，果肉切小块。

3.砂锅中注水烧热，倒入切好的哈密瓜、苹果，放入葡萄干、糖桂花，搅匀，烧开后用小火煮约10分钟。

4.倒入调好的藕粉，加白糖，搅匀，煮至糖溶化，盛出装碗即成。

葡萄干

『推荐烹调法』
拌、蒸、烤

▶含铁量：
9.1毫克/100克

▶补铁原理：
葡萄干的铁和钙的含量十分丰富，是体弱贫血儿童的食疗佳品，可补血气、暖肾，治疗贫血和血小板减少等症。

营养成分

葡萄干含蛋白质、脂肪、糖类、膳食纤维、维生素B_1、维生素C、钙、磷、钾、铁、锌、镁和硒等。

营养功效

葡萄干含有纤维素和酒石酸，能让排泄物快速通过直肠，减少污物在肠中停留的时间，改善儿童的肠道功能；葡萄干含大量葡萄糖，对心肌有营养作用；葡萄干中的纤维素能防止果糖在血液中转化成三酰甘油——一种血液脂肪，降低儿童患高血脂的风险。

温馨提示

优质的葡萄干粒大、饱满、味柔糯，颗粒之间有一定空隙，无粘团现象，手摸有干燥感，用手攥一下再放下，颗粒能迅速散开。葡萄干可以直接食用，也可用于点缀烘焙食物等。

搭配宜忌

 ✓ 葡萄干 + 桂圆 = 补中益气、健脾止泻

 ✓ 葡萄干 + 玉米 = 健胃补脾

 ✓ 葡萄干 + 杏仁 = 增强免疫力

 ✗ 葡萄干 + 菠菜 = 引发高钾血症

葡萄干茉莉糯米粥

⊕原料:

水发糯米200克，葡萄干10克，茉莉花少许

⊕调料:

白糖适量

⊕做法:

1.砂锅中注入适量清水。

2.倒入淘洗干净的糯米。

3.放入备好的葡萄干、茉莉花，拌匀。

4.盖上盖，用大火煮开后转小火煮50分钟至熟。

5.揭开盖，放入白糖，搅拌均匀，煮至白糖溶化。

6.关火后盛出煮好的糯米粥，装入小碗中即成。

专家点评

本品具有补中益气、健脾养胃、补血补虚的作用，尤其是补虚养血功效较好，儿童常食可缓解缺铁性贫血引起的手脚冰冷等现象，提高机体免疫力。

莲子葡萄干粥

⊕原料:

莲子、山药丁各30克，葡萄干10克，大米130克

⊕做法:

1.砂锅中注水烧热，倒入大米、莲子。

2.盖上盖，用大火煮开后转小火续煮40分钟至食材熟软。

3.揭盖，倒入葡萄干、山药丁，拌匀。

4.用小火续煮10分钟至食材熟透。

5.关火后盛出煮好的粥，装入碗中，撒上少许葡萄干即成。

专家点评

葡萄干和山药都是含铁丰富的食材，能提高儿童膳食中铁的摄入量；莲子含有淀粉、莲心碱等营养成分，有养心安神、维持肌肉伸缩性等功效。

榛子

『推荐烹调法』
炒、烤、煮、煲

▶含铁量：
6.4毫克/100克

▶补铁原理：
榛子中的铁能够参与红细胞的组成以及合成血红素铁酶，使体内铁平衡，从而对抗儿童因缺铁引起的免疫功效低下。

营养成分

榛子含蛋白质、脂肪、糖类、胡萝卜素、维生素B_1、维生素B_2、维生素E、钙、磷、铁、锌等。

营养功效

榛子含有人体必需的8种氨基酸及多种微量元素，且含量是其他坚果的数倍，其中，磷和钙有利于儿童骨骼及牙齿的发育，锰元素对骨骼、皮肤、肌腱、韧带等组织均有补益强健作用。此外，榛子还能增强儿童的大脑发育。

温馨提示

挑选榛子应以个头大、饱满、壳薄、无木质毛绒的为佳。营养专家建议其每天的食用量为20克。榛子可以直接炒熟后剥皮食用，也可以配伍其他食材制作成粥等，如大米榛仁粥，五仁虾粥、榛子蒸饭等。

搭配宜忌

 ✅ 榛子 + 粳米 = 健脾开胃、增强免疫力

 ✅ 榛子 + 莲子 = 调理身体

 ✅ 榛子 + 核桃 = 增强体力

 ❌ 榛子 + 牛奶 = 影响营养的吸收

专家点评

　　酸奶中含有较多的益生菌，对改善胃肠功能有益，有益于榛子中铁的吸收；腰果中的油脂含量较高，且大多为不饱和脂肪酸，能促进儿童神经系统的发育。

榛子腰果酸奶

◑**原料：**

榛子40克 ，腰果45克，枸杞10克，酸奶300克

◑**调料：**

食用油适量

◑**做法：**

1.热锅注油，烧至四成热，倒入洗净的腰果、榛子，炸出香味，捞出，沥干油。
2.取一个干净的杯子，倒入酸奶。
3.放入炸好的腰果、榛子。
4.再摆上洗净的枸杞即成。

专家点评

　　榛子有软化血管、维持毛细血管健康的作用，能补脑养血；其含有的不饱和脂肪酸在进入人体后可生成称之为脑黄金的DHA，可以提高记忆力。

榛子莲子燕麦粥

◑**原料：**

水发莲子60克，榛子仁20克，水发燕麦80克

◑**做法：**

1.砂锅中注入适量清水烧开，倒入备好的莲子、榛子仁。
2.放入洗净的燕麦。
3.盖上盖，煮沸后用小火煮1小时至食材熟透。
4.揭盖，搅拌均匀。
5.关火后将粥盛出，装入碗中即成。

黑枣

『推荐烹调法』
煮、炖、蒸、煲

▶含铁量：
3.7毫克/100克

▶补铁原理：
黑枣味甘、性平，入脾胃经，能补中益气、滋润养血，且黑枣中的维生素C含量丰富，还能促进铁的吸收，预防贫血。

营养成分

黑枣含蛋白质、脂肪、维生素C、维生素A、烟酸、维生素E、膳食纤维、果胶、单宁、钾、钙、磷、铁等。

营养功效

黑枣含有较多的铁，能促进儿童骨骼和牙齿的发育，有效预防佝偻病；黑枣中的膳食纤维还能促进胃肠蠕动，预防小儿便秘。儿童常吃枣还能益智健脑，促进大脑和神经系统的发育。

温馨提示

选购黑枣时，应以枣皮乌亮有光、黑里泛红者为佳，皮色乌黑者为次，色黑带萎者更次；好的黑枣颗大均匀，短壮圆整，顶圆蒂方，皮面皱纹细浅。在煮黑枣时，若加入少量灯芯草，就会使枣皮自动脱开。过多食用枣会引起胃酸过多和腹胀，忌与柿子同食。

搭配宜忌

 ✔ 黑枣 + 陈醋 = 滋润心肺、生津止渴

 ✔ 黑枣 + 排骨 = 强身健体

 ✔ 黑枣 + 枸杞 = 养肝明目

 ✘ 黑枣 + 黄瓜 = 影响营养的吸收

补铁食谱

专家点评

此豆浆营养全面而均衡，符合发育期儿童的饮食特点，儿童常食，能预防缺铁性贫血。此外，黑芝麻还能健脑、乌发，使宝宝成长得更加出色。

黑芝麻黑枣豆浆

◑原料：

黑枣8克，黑芝麻10克，水发黑豆50克

◑做法：

1.黑枣去核，切小块，备用。

2.将已浸泡8小时的黑豆装入碗中，注入适量清水，搓洗干净，沥干待用。

3.取豆浆机，倒入黑枣、黑芝麻、黑豆，注入适量清水，至水位线。

4.盖上豆浆机机头，选择"五谷"程序，再选择"开始"键，开始打浆。

5.待豆浆机运转约20分钟，即成豆浆。

6.将榨好的豆浆倒入滤网中，滤取豆浆，倒入碗中即成。

补铁食谱

专家点评

黑枣搭配黑豆食用，有助于儿童对铁元素的吸收，改善注意力不集中的缺铁症状；浮小麦具有除虚热、止汗的作用，对小儿盗汗有较好的食疗作用。

浮小麦莲子黑枣茶

◑原料：

浮小麦20克，黑枣45克，水发黑豆70克，水发莲子80克

◑调料：

冰糖30克

◑做法：

1.砂锅中注入适量清水烧开。

2.倒入备好的浮小麦、黑枣、黑豆、莲子，搅拌均匀。

3.盖上盖，烧开后用小火煮30分钟，至食材熟透。

4.揭开盖，放入备好的冰糖。

5.搅拌片刻，煮至冰糖溶化。

6.盛出煮好的茶，倒入碗中即成。

草莓

『推荐烹调法』
榨、拌

▶含铁量：
1.8毫克/100克
▶补铁原理：
草莓含铁丰富，具有生津润肺、养血润燥的功效，可改善儿童缺铁引起的面色发白、虚弱乏力等症状，常食还能使儿童面色红润。

营养成分

草莓含果糖、蔗糖、蛋白质、柠檬酸、苹果酸、水杨酸、钙、磷、铁、钾、锌、铬、维生素C、维生素E等。

营养功效

草莓中所含的胡萝卜素是合成维生素A的重要物质，具有明目养肝的作用；草莓中含有天冬氨酸，可以自然而平缓地除去体内的"矿渣"，对儿童具有一定的减肥作用；草莓含有大量果胶及纤维素，可促进胃肠蠕动、帮助消化，有助于儿童的正常发育。

温馨提示

挑选草莓时，应尽量选色泽鲜亮、有光泽，结实、手感较硬者，太大的草莓忌买；洗草莓时，注意千万不要把草莓蒂摘掉，去蒂的草莓若放在水中浸泡，残留的农药会随水进入果实内部，造成更严重的污染。

搭配宜忌

 ✔ 草莓 + 牛奶 = 有利于吸收维生素B$_{12}$

 ✔ 草莓 + 红糖 = 利咽润肺

 ✔ 草莓 + 蜂蜜 = 补虚养血

 ✘ 草莓 + 樱桃 = 容易上火

补铁食谱

专家点评

　　草莓富含多种维生素和矿物质，具有养肝明目、补血养颜、帮助消化、改善便秘等功效，适合贫血儿童食用。同时，桑葚也有滋阴养血、生津润燥的作用。

草莓桑葚奶昔

◑原料：

草莓65克，桑葚40克，冰块30克，酸奶120毫升

◑做法：

1.洗净的草莓切小瓣。

2.洗好的桑葚对半切开。

3.冰块敲碎，呈小块状，备用。

4.将酸奶装入碗中，倒入大部分的桑葚、草莓。

5.用勺搅拌至酸奶完全裹匀草莓和桑葚。

6.倒入冰块，搅拌匀。

7.将拌好的奶昔装入杯中，点缀上剩余的草莓、桑葚即成。

补铁食谱

专家点评

　　草莓含有的维生素C能促进其含有的非血红素铁的吸收，而且能增强血管壁的韧性，维护心血管系统，预防贫血，增强儿童食欲和记忆力。

酸奶草莓

◑原料：

草莓90克，酸奶100毫升

◑调料：

蜂蜜适量

◑做法：

1.将洗净的草莓切去果蒂，再把果肉切开，改切成小块，放入干净的碗中。

2.碗中倒入备好的酸奶，搅拌匀。

3.淋上适量蜂蜜。

4.快速搅拌一会儿，至食材入味。

5.装入盘中，摆好盘即成。

芝麻酱

『推荐烹调法』
拌、炒

▶含铁量:
50.3毫克/100克

▶补铁原理:
芝麻能补肝肾、益精血、润肠燥,用于肝肾虚损,精血不足,可以治疗贫血所致的皮肤干枯、粗糙等,令皮肤细腻光滑、红润光泽。

营养成分

芝麻酱富含蛋白质、糖类、不饱和脂肪酸、膳食纤维、B族维生素、维生素E以及钙、铁、磷等。

营养功效

芝麻酱中含钙量比蔬菜和豆类都高,仅次于虾皮,经常食用对儿童骨骼、牙齿的发育都大有益处。因芝麻含油脂较多,能润肠通便,对肠液减少引起的便秘有食疗作用;芝麻中人体必需脂肪酸含量很高,有助于增强儿童的记忆力。

温馨提示

芝麻酱开封后尽量在3个月内食用完,因为此时口感好、营养不易流失,开封后放置过久,容易氧化变硬。芝麻酱调制时,先用小勺在瓶子里面搅几下,然后盛出芝麻酱,加入冷水调制,不要用温水。注意肥胖儿童不宜多吃芝麻酱。

搭配宜忌

 ✔ 芝麻酱 + 冬瓜 = 抗衰减肥、润肤护发

 ✔ 芝麻酱 + 核桃 = 改善皮肤弹性

 ✔ 芝麻酱 + 海带 = 净化血液

 ✘ 芝麻酱 + 鸡腿 = 影响维生素的吸收

补铁食谱

专家点评

　　儿童常食芝麻酱，有养血生津、乌发的作用，可防止皮肤苍白和头发枯黄；小白菜富含膳食纤维和维生素C，既能保持血管弹性，又能健脾养胃。

芝麻酱拌小白菜

◆原料：

小白菜160克，熟白芝麻10克，红椒少许

◆调料：

芝麻酱12克，盐、鸡粉各2克，生抽6毫升，芝麻油适量

◆做法：

1.小白菜切长段，红椒切粒。

2.取一小碗，倒入生抽、鸡粉、芝麻酱、芝麻油、盐、凉开水，匀速搅拌，至调味料完全溶于水中，撒上熟白芝麻，制成味汁。

3.开水锅中放入小白菜，拌匀，煮至断生，捞出沥干，装入备好的大碗中。

4.倒入调好的味汁，拌约1分钟，再撒上红椒粒，盛出，装入另一盘中即成。

补铁食谱

专家点评

　　芝麻酱做工精细、色泽金黄、口感细滑、口味醇香，其含铁丰富，不仅对调整偏食厌食有积极作用，还能纠正和预防缺铁性贫血。

香椿芝麻酱拌面

◆原料：

切面400克，鸡蛋1个，去头尾的黄瓜1根，香椿85克，白芝麻、蒜末各适量

◆调料：

生抽7毫升，盐、芝麻油、芝麻酱各适量

◆做法：

1.开水锅中放香椿，煮至软，捞出放凉。

2.黄瓜切粗丝；香椿切碎，加蒜末、芝麻油，拌匀；芝麻酱中加盐、生抽、温开水，搅散。

3.开水锅中放切面，煮软后捞出，在凉开水中浸泡片刻后捞出沥干；锅中留面汤煮沸，打入鸡蛋，煮至其凝固，捞出。

4.取一盘，放入切面、香椿，倒黄瓜丝、拌好的芝麻酱，撒上白芝麻，摆上荷包蛋即成。

陈醋

『推荐烹调法』
拌、泡

▶含铁量：
13.9毫克/100克

▶补铁原理：
醋味酸、甘，性平，具有较好的活血作用，可以扩张血管，改善血液循环，降低儿童患心血管疾病的风险。

营养成分

陈醋含醋酸、蛋白质、脂肪、铁、钾、镁、钙、硒、琥珀酸、葡萄酸、苹果酸、乳酸、B族维生素等。

营养功效

醋可以帮助消化，利于吸收，还能帮助人体有效地摄入钙质，促进儿童骨骼和牙齿的发育；醋还可以增强肠胃的杀菌能力，降低肠胃感染细菌的概率，预防腹泻；常食醋还能增强肝脏和肾脏机能，有助于儿童的发育。

温馨提示

酿造的食醋以琥珀色或红棕色、有光泽、体态澄清的为佳品。开封的醋保存时，应放于低温、避光处。醋常用于烹制带骨的原料，如排骨、鱼类等，可使骨刺软化，促进骨中的矿物质如钙、磷溶出，增加可吸收的矿物质含量，有助于儿童生长发育。

搭配宜忌

 ✓ 醋 + 鲤鱼 = 提供丰富的营养

 ✓ 醋 + 莲藕 = 防止便秘

 ✓ 醋 + 芝麻 = 促进铁、钙的吸收

 ✗ 醋 + 牛奶 = 降低营养价值

补铁食谱

专家点评

鲫鱼肉质细嫩，肉味甜美，营养价值很高，含有蛋白质、维生素、钙、磷、铁等营养成分，搭配陈醋食用，具有健脾利湿、和中开胃、增强免疫力等功效。

醋焖鲫鱼

◑原料：

净鲫鱼350克，花椒、姜片、蒜末、葱段各少许

◑调料：

盐、鸡粉、白糖、老抽、生抽、陈醋、生粉、水淀粉、食用油各适量

◑做法：

1.鲫鱼装盘，加盐、生抽、生粉，裹匀，腌渍片刻，放入热油锅中，炸至金黄色后捞出。

2.锅底留油，放花椒、姜、蒜、葱，爆香。

3.加水、生抽、白糖、盐、鸡粉、陈醋，拌匀煮沸，放鲫鱼、老抽，煮至入味，盛出装盘。

4.将锅中余下的汤汁加热，加水淀粉，调成味汁，浇在鱼身上即成。

补铁食谱

专家点评

陈醋能补铁活血，增进食欲，降低儿童患异食癖的概率；西葫芦含有瓜氨酸、腺嘌呤、天门冬氨酸、巴碱等物质，而且钠盐含量很低，适合儿童食用。

醋熘西葫芦

◑原料：

西葫芦120克，红椒15克，姜末、蒜末、葱末各少许

◑调料：

盐、白糖各2克，陈醋5毫升，水淀粉、食用油各适量

◑做法：

1.西葫芦切小块；红椒去子，切小块。

2.锅中注水烧开，加适量食用油，倒入西葫芦，略煮片刻，捞出沥干。

3.用油起锅，放姜末、蒜末、葱末、红椒，爆香。

4.倒入焯好的西葫芦，炒匀，放盐、白糖、陈醋，翻炒至食材入味。

5.加入水淀粉，炒匀，盛出装盘即成。

附录1 儿童补钙、补锌、补铁注意事项

补钙剂量要合宜

很多家长在给孩子补钙的时候，往往只关注孩子是否补了钙，而不知道孩子到底应该补多少钙。补钙剂量的不足，不仅对孩子骨骼和牙齿的健康成长不利，而且还会让孩子错过补钙的最佳时间，无法为骨骼"储存"更多的钙。此外，家长也要注意，千万不可给孩子过量补钙。钙过量会导致孩子厌食、便秘等，甚至可能使骨骼过早成熟，进而影响孩子将来的身高。

补钙产品的选择

在补钙产品的选择上，应尽量选择一些钙源好、吸收好、口感好且不刺激肠胃的儿童专用补钙产品。好的补钙产品，如果没有维生素D的帮助，吃下去的钙仍然无法被身体很好地吸收，补再多也没有用。因此妈妈可以选择含有维生素D的钙剂，让钙的吸收利用率翻倍。此外，在挑选补钙产品时，除了注重钙源的安全性、补钙效果的好坏外，还应尽量选择知名度高、口碑良好的补钙产品。

空腹不宜补钙

无论是食物中的钙还是各种经口服途径摄入的钙，进入人体后均需要在胃酸的作用下分解成钙离子。如果没有胃酸的分解消化，钙就无法很好地被吸收利用。胃酸的分泌，除了取决于神经、体液或人体生物钟代谢的调节，更主要还是取决于食物的摄入时间。当食物在口腔内被咀嚼时，胃壁细胞就开始准备分泌胃酸。胃酸不仅可以解离食物中的钙和各种钙剂中的钙，同时对碱性强的钙剂也具有一定的中和作用，可减少其对胃黏膜的刺激。因此，妈妈在给孩子补钙时，切记孩子空腹时不宜补钙。

选好补钙时间

要做到有效地补钙，除了要补充足够的钙剂量外，还与摄入钙剂的时间有关系。夜间人体不再进食，但是尿液却会照常形成，血液中的一部分钙仍然不断进入尿液，为了维持正常的血钙水平，人体不得不动用骨骼中的钙。这种体内自行调节的结果使得每天清晨尿

液中的钙几乎大部分来自骨钙。而临睡前补钙可以为夜间的这种钙调节提供钙源，阻断动用体内骨钙。此外，白天人体内血钙水平较高，夜间较低，夜间的低血钙水平可刺激甲状旁腺素分泌，使骨钙分解加快，且钙还有镇静作用，有助于睡眠。因此，临睡前补钙，效果最佳。

补钙时不宜将钙片溶入牛奶中服用

有些家长认为牛奶含钙量高，与钙片一同服用补钙效果更好。殊不知，这种方法并不可取。因为钙片中大量的钙离子会使牛奶产生凝固现象，并与牛奶中剩余的蛋白结合产生沉淀，特别是将牛奶加热后，这种现象就会更加明显。其实，奶制品本身含钙量就较高，孩子一次服用大量的钙不仅吸收不了，反而会影响补钙的效果。

补充足量的维生素D

我们知道，有些钙制品需要补充维生素D，而有些不需要补充就能吸收。不过，不论给孩子吃哪种补钙产品，维生素D都要适量补充，而且最好用食补、晒太阳或服用鱼肝油的方式进行补充，不要让孩子直接服用纯维生素D，以免维生素D过量引起中毒。阳光是维生素D的天然原料，会直接促使体内生成维生素D，妈妈应鼓励孩子多晒太阳。

把握影响钙吸收的因素

影响钙吸收率的因素有很多，其中主要有：①食物因素。如食物中的维生素D、乳糖、蛋白质都能促进钙盐的溶解，有利于钙的吸收。②机体因素。年龄越小，肠壁的通透性越好，吸收率较高；人体缺钙或需要钙时，钙的吸收率就增高。③维生素D。钙主动吸收需要维生素D，当维生素D缺乏或不足时，钙主动吸收就会下降，从而间接造成钙缺乏。

补锌要从准妈妈开始

如果孕妇锌储备充足，宝宝就不容易缺锌。如果孕妇不注意进食含锌丰富的食品，就会影响胎儿对锌的利用与存储，出生后易出现缺锌症状。因此，准妈妈应经常吃一些牡蛎、动物肝脏、肉、蛋、鱼及粗粮、干豆等含锌丰富的食物。另外，常吃一点核桃、瓜子等含锌较多的零食，也能起到较好的补锌作用。此外，孕妇要尽量少吃或不吃过于精制的米、面，避免偏食、挑食、全素食，做到膳食合理搭配，均衡营养。

补锌不可过量

给孩子补锌，无论是食补还是药补，均不可过量。补锌过多会使孩子体内的维生素C和铁含量减少，并抑制铁的吸收和利用，从而引起孩子缺铁性贫血。此外，锌元素过多还会抑制吞噬细胞的活性，使孩子抵抗力下降，容易受致病菌侵袭。如果是需要服用补锌产品的孩子，必须经过医院检查，确诊为明显缺锌后，方可在医生指导下服用补锌制剂。

注意补锌的季节性

夏季由于气温高，孩子的食欲会变差，从而直接导致从食物中摄入锌的含量减少，并且这个季节中孩子易患腹泻等消化道疾病，也会造成体内锌元素的流失。另外，夏季天气炎热，孩子活泼好动，易出汗，体内的锌元素会随汗液大量排出。因此，妈妈在为孩子补锌时，应注意补锌的季节性，夏季补锌的量应当高于春秋冬三季。

补锌食物宜精细

韭菜、竹笋、燕麦等含粗纤维较多，麸糖及谷物胚芽含植酸盐多，而粗纤维及植酸盐均可阻碍锌的吸收，所以给孩子补锌期间的食谱应适当精细些。在饮食上，妈妈可多给孩子吃一些富含锌的食物，如牡蛎、畜禽肉、蛋类、鱼、海产品以及奶酪、燕麦、花生等。尤其是牡蛎，含锌量最高，每100克牡蛎中含锌9.39毫克，可谓是"补锌佳品"。

选用铁剂产品有讲究

给宝宝选择补铁产品，安全最重要。市面上的口服铁剂主要以乳酸亚铁、硫酸亚铁、富马酸亚铁和葡萄糖酸亚铁为主，而亚铁形式的铁较容易被人体吸收。因此，选亚铁形式的补铁制剂较为适宜。此外，在购买时，还应了解产品的附带成分，不少给孩子补铁的产品会添加各种成分，如钙、鞣酸等，此类物质会与铁产生拮抗作用，影响铁的吸收，最好不要选用。

菠菜补铁，但不宜过量

众所周知，菠菜是含铁较多的蔬菜之一，且其所含丰富的类胡萝卜素、抗坏血酸，对身体健康和补血都有重要作用。但是，儿童生长需要大量的钙和锌，如果缺乏这些营养素会导致骨骼、牙齿发育不良，甚至影响智力发育，而菠菜中含有的草酸，会与钙、锌结合，形成沉淀，阻碍机体吸收钙、锌。因此，吃菠菜一定不要过量。

铁制品搭配禁忌

鞣酸能与铁剂形成鞣酸铁盐沉淀，影响铁离子的吸收。口服铁剂期间，应避免食用柿子、山楂、石榴、桃子、茶叶等含鞣酸的食物。牛奶、豆腐等钙离子极易被吸收的食物及其他碱性物质也可影响铁的吸收，应避免同时服用，或尽量少食用。乳类（尤其是牛奶）中含铁较少，补铁期间不能大量饮用，否则会降低胃肠道内已有铁的含量。

补铁制剂不宜饭前服用

补铁产品不宜在饭前服用。铁对人体胃黏膜有刺激作用，如果饭前服用，由于没有进食，会使孩子难以忍受。因此，应选择在饭后服用，避免空腹服药，以减轻药物对胃肠道的刺激而引起恶心呕吐的症状。铁质在酸性环境中较容易被人体吸收，因此在让孩子吃含铁食物或补铁产品时，可适当喝一些橙汁，利于铁的吸收。

红枣、红豆并非补血佳品

红枣、红豆等红色食物色泽红艳，人们往往会认为它们具有很好的补血功效，但实际上却并非如此。食物补血功效的大小，取决于它所含铁质的多少以及吸收率的高低，并非取决于食物颜色的深浅。红枣、红豆的含铁量并不高，且豆类的表皮中还含有较多的植酸，可与铁质结合形成不溶于水的植酸铁，其铁的吸收率非常低。因此，红枣、红豆等红色食物并非补血佳品。

坚持"小量、长期"的补铁原则

补铁产品要适量服用，需严格按医嘱服用，不能自作主张加大服药剂量或是一次大剂量服用，以免引起头晕、恶心、呕吐、腹泻、腹痛、休克等铁中毒现象。补铁是一个长期的过程，切不可太过心急，一定要坚持适量原则。

蛋黄不是唯一补铁食物

蛋黄含有丰富的胆固醇、蛋白质、维生素A及铁元素。蛋黄的含铁量虽然较高，但吸收率却非常低，因为蛋黄含磷较高，易和铁结合成磷酸铁，反而会阻碍铁的吸收。故蛋黄并非给孩子补铁的唯一食物，有很多含铁量丰富的食物如鱼肉、猪肝、鸡、鸭、猪血等也都是很好的补铁食品。

附录2 儿童四季补钙、补锌、补铁饮食要点

为孩子补充钙、锌、铁的重要性，想必家长们都已经很清楚了。在日常生活中，越来越多的家长也开始注重对孩子钙、锌和铁的补充。但是各位妈妈们，您知道么？在不同的季节，儿童补钙、补锌、补铁也是有区别的。妈妈们如果能了解到这些侧重点，并在日常饮食中加以灵活运用，对钙、锌、铁的补充就会起到事半功倍的效果。

儿童四季补钙饮食要点

春季，儿童补钙助成长

一年之计在于春，对处于生长发育期的孩子来说，春季更是骨骼生长的黄金季节。有研究表明，孩子在春季长得最快，他们的身高平均能增长1.37厘米。因此，孩子在多吃含钙丰富的食物的同时，还要坚持每天喝牛奶。

在经过了冬天的"蜗居"后，春季猛地开始运动时很容易给孩子带来如骨折、扭伤等意外伤害。这时，需要多摄入蛋白质以及含钙食物，如牛奶、芝麻、黄花菜、海带等来促进创伤的愈合。此外，让孩子多进行户外锻炼，多晒太阳，可帮助钙更有效地吸收。

夏季，多喝牛奶多外出

夏季是一年中阳光最充足的季节，阳光中的紫外线可促进生成有助于钙吸收的维生素D，起到促进骨骼钙化的作用。夏季孩子经常在外面活动，对于强壮骨骼非常有利，但要避免阳光直射，灼伤皮肤。

此外，夏季出汗量大且运动后易造成血钙的流失，因此，夏季在保证适当户外活动的前提下，还要适当地通过饮食来补钙，可适当喝些牛奶，多吃些新鲜蔬果，对于含草酸较高的蔬菜，如菠菜、茭白、芹菜等，吃前最好先在水里焯一下，除去部分草酸，以免影响钙的吸收。

秋季，钙需求量增多

随着秋季气温的逐渐降低，孩子的机体逐渐恢复到良好的运作状态，食欲与消化吸收功能也自动调节到正常水平，此时对钙的吸收和利用能力有所提高。

而这时正是夏秋交替的时节，人体对各种营养的需求也会逐渐增多，钙质也不例外。因而，秋天要提前储备好钙质，让孩子多吃点虾皮、鲜鱼、活虾、海带、牛奶、豆制品等。不过，虽说秋季是各种含钙丰富的海产品、蔬菜、水果新鲜上市的季节，是为孩子补钙的好时机，但由于孩子的肠胃发育还不是很健全，因而也要注意，在补钙的同时，切莫过量，以免增加孩子的肠胃负担。

冬季，适当增加维生素D

儿童在冬季容易缺钙，这不仅因为冬季饮食结构较为单调，而且由于冬季天气寒冷，活动量随之减少，再加上阳光不足，人体内维生素D的生成自然也在减少，不利于钙的吸收。因此，在冬季晴好的天气里，父母要多带孩子到户外晒晒太阳，对帮助钙吸收和阻止钙流失很有益。一般，冬天上午10点左右、下午3～4点，都是较为理想的晒太阳时间。晒太阳时，要尽量多露出些皮肤，以增加维生素D的合成，促进钙的吸收。此外，儿童在增加活动量的同时，还可以在医生的指导下，适当服用维生素D补充剂。

儿童四季补锌饮食要点

春季补锌防感冒

锌被誉为"生命之花"，那么在万物生长的春季，又怎么能忽略了给孩子补锌。春季给孩子补锌，可增强孩子的免疫与抗病能力，进而有效预防感冒。一般来说，不论服药与否，成人的感冒症状会持续一星期；而感冒药的主要功效是缓解症状，但并不能缩短病程。而据一项研究结果显示，补锌可有效缩短感冒的持续时间。因此，在春季适当给孩子进补一些含锌丰富的食物，如牡蛎、鱼子、动物肝肾、花生、蛋黄及坚果类等，是非常有必要的。

夏季补锌效果好

当我们告别了微风和煦，温暖宜人的春季，便又迎来了艳阳高照的夏季。随着夏天气温的逐步攀升，人的出汗量开始增多，加快了体内锌的流失，而各种剧烈的运动，也会消耗大量的锌，同时，炎热的夏天还会让不少孩子食欲下降，食物中锌的摄入量要比其他季节低得多。夏季虽是容易缺锌的季节，却也是补锌效果较好的时期。

夏天补锌，除了健康饮食，多吃动物肝脏、虾皮、带鱼、沙丁鱼、鲳鱼、黄鱼等含锌高的食物外，还要保证作息规律，进行适宜的运动，这样才

能更好地达到补锌效果。

秋季补锌防腹泻

一场秋雨一场寒，随着秋季的到来，腹泻发病的高峰期也随之而来。预防孩子秋季腹泻，成为妈妈们护理孩子的重中之重。

腹泻主要是由于胃肠道功能失调，以致肠道菌群失衡有关。适当给孩子补锌，能缩短小儿急性腹泻的病程、减轻病情，从而取得较好的治疗效果，同时还可增强孩子的免疫力，维持肠道菌群的平衡。

秋季补锌，除了可有效预防秋季腹泻等流行性疾病的发生外，对预防和抵抗冬季常见病也具有较好的效果。对于检查有缺锌的儿童，特别在秋季应及时补锌，以防治秋季腹泻，提高机体抵抗疾病的能力。

冬季补锌抵抗力强

冬季寒冷干燥、气温骤然下降，成为催化疾病发生的外在因素，而缺锌的孩子本身抵抗力低下，疾病自然趁虚而入。

冬季室内外温差较大，再加上保暖和增减衣物不当，孩子就很容易感冒发烧，而补锌可以适当缓解这一现象。锌能有效促进儿童胸腺、脾脏等免疫器官的发育，提高儿童自身抵抗力，有效预防和抵抗呼吸道病毒感染。锌还能有效促进抗体产生，增强儿童抵抗力，加速感冒患儿的康复。

此外，平时要让孩子多喝水，这样有助于加强身体的新陈代谢，有预防感冒的效果。还要注意保持室内通风，如果因为天气寒冷而不开窗，密闭的空气反而会降低孩子的抵抗力，故冬季也应保持室内空气的流通。

🅑 儿童四季补铁饮食要点

春季补铁正当时

春季是补铁的最佳时机，春季补铁可以调和机体内外平衡，使身体保持气血通畅。此时，更应注意膳食的合理搭配，让孩子多吃些家禽肉类及动物的肝、血等含铁量多的食物。

到了春季，很多时令蔬菜纷纷上市，而莴笋是春季为孩子补铁必吃的一道菜。莴笋口感脆爽，含多种维生素，尤以铁的含量最为丰富，可帮助孩子补充铁元素。莴笋叶的营养成分比莴笋还要高，建议一同食用。不过另一种春季佳蔬——菠菜，虽富含铁，但其中的铁却并不是人体吸收铁的良好来源，不仅难以吸收，还会影响钙和锌的吸收。因此，春季忌用菠菜给孩子补铁，更不宜用来作为治疗缺铁的辅助菜。

夏季补铁勿盲目

夏季天气炎热，儿童食欲差，不爱吃肉，也不爱吃菜，特别是对于缺铁的孩子来说，许多家长都担心孩子营养不够，于是通过各种途径给孩子补铁补血，又是食疗，又是各种各样的补铁剂。殊不知，这样盲目地给孩子补铁补血，不仅浪费钱，还可能导致孩子体内的铁负荷过重，进而引发一系列的健康问题。因此，夏季补铁切不可盲目，还是应保证孩子营养的全面均衡，在多吃补铁食物的同时，多吃一些水果，如葡萄、樱桃、猕猴桃、香蕉等，以促进铁元素的吸收。

秋季补铁身体棒

秋季，暑夏的高温已降低，人们烦躁的情绪也随之平静，夏季过多的耗损也应在此时及时补充，所以秋季亦应特别重视养生保健。经过夏季过快的新陈代谢后，机体的各组织系统均处于水分相对贫乏的状态，如果这时再受风着凉，就极易引发头痛、鼻塞等一系列症状，甚至使旧病复发或诱发新病。特别是对于儿童来说，其脏腑娇嫩，对这种变化适应性和耐受力较差，更应注意防止受凉。此时，给孩子补充充足的铁，对防治小儿缺铁性贫血，预防儿童感冒、肺炎等，增强抵抗力均具有非常重要的作用。

秋季是吃葡萄的好时节，葡萄含铁丰富，特别是把葡萄制成葡萄干后，其铁含量更高高，此外，诸如牛肉、猪肝、木耳等都是体弱贫血儿童的滋补佳品，可经常食用。

冬季补铁暖洋洋

随着寒冬的来临，人们在饮食方面也开始注意多摄取一些可以增强身体御寒能力的食物。其实，不只大人们需要防寒，孩子更需要防寒。

真正的御寒，并不是裹上厚厚的羽绒服，呆在空调房里不出门就可以了，要让孩子冬天不怕冷，还得靠身体自身的抗冻能力才行。由于孩子冬季参加体育锻炼的时间大量减少，因此增强其御寒能力主要是依靠营养的补给，尤其要补充足够的铁。当机体摄入铁时，会促进血红蛋白的合成，从而加速热量的生成，使耐寒能力明显增强。

冬季孩子补铁要多吃猪牛羊肉，猪牛羊等红色肉类食物，是儿童补充铁的好食物。猪肝营养丰富，其优质蛋白、维生素和微量元素的含量比肉类更胜一筹，也是冬季补铁的佳品。此外，在让孩子吃含铁食物的同时，吃一些含维生素C丰富的水果，会大大提高铁的吸收率。

附录3 儿童补钙、补锌、补铁之日常保健

多晒太阳有助于补充钙

阳光能够促进维生素D的形成，而维生素D是帮助身体吸收钙质的"好伙伴"。因此，孩子多参加户外活动，多晒太阳是非常有益的。建议孩子每天出门晒一两次太阳，晒太阳的时间要逐渐延长，开始时每天10～15分钟即可，然后逐渐延长到每天2小时左右。冬季气温较低的时候，妈妈们可以选择在上午10点以后、下午4点之前阳光较充足的时段带孩子外出。

多运动让骨骼更强健

篮球、足球、网球、跳绳、跳远、跳高、有氧健身操、跳舞及慢走等跑跳或力量练习可使孩子骨骼受益。这些运动不仅很好地刺激了骨骼结构，而且也加强了转动、拉伸或拖曳时用到的骨骼上的肌肉，从而使骨骼变得强壮。

快步走

每天晚饭后坚持快步走30分钟以上，不仅能促进成长，而且有利于身体健康，还能减少体内脂肪堆积，预防小儿肥胖。但是要注意控制运动的强度，如果走得过快，出现大口喘气的现象，就使有氧运动变成了无氧运动。

跳跃训练

让孩子进行跳跃训练，每天200次以上，如跳起摸高，双脚跳起、单脚跳起轮流练习均可，要尽可能跳得更高一些。跑步和跳跃可以起到刺激下肢骺软骨增生的作用，但最好配合一些全身性运动。跳跃容易影响脚的发育，对膝关节和踝关节冲击较大，因此孩子在进行跳跃训练时，要穿有弹性的鞋子，保护关节。

球类运动

篮球、排球、羽毛球等球类运动都是很好的全身性运动，例如投篮时的跳跃动作会刺激关节和膝盖，促进骨骼生长，有助于提高骨质密度。球类运动对于孩子来说，基本不会有运动过量的风险，只要保证第二天不会太过疲劳即可。运动后要做一些适量的放松练习，运动过程中要注意补水。

慢跑

家长可每天带着孩子一起慢跑10～20分钟，对儿童长高非常有帮助。这种全身性的运动会让全身骨骼得到刺激，从而加快营养物质被身体吸收的速度，同时也会增加孩子的食欲。慢跑后，还可适当再做一些柔韧训练和放松训练，如前后弯腰、抖动身体等，时间在20～30分钟为宜。